胡体嵘 编著

油棕商业种植

OIL PALM COMMERCIAL CULTIVATION

U0205688

化学工业出版社

·北京·

油棕（Oil Palm）作为重要大宗油料作物，已广泛地应用于食品工业和日化工业，本书就其起源和棕榈油的产量、种植分布、市场情况，以及生物学性状和生长条件进行了简要的介绍，重点介绍了目前主要产区的油棕种植园规划、建设、管理和初加工环节，并对油棕产业环保和未来可能出现的其他问题进行了讨论。

本书是国内首本从产业角度出发，从油棕种植园视角介绍油棕的专著。

本书可供油棕产业从业者、油棕种植业主、油棕大田管理人员，以及对油棕感兴趣的读者阅读。

图书在版编目（CIP）数据

油棕商业种植/胡体嵘编著. —北京：化学工业
出版社，2018.11
ISBN 978-7-122-32926-4

Ⅰ. ①油… Ⅱ. ①胡… Ⅲ. ①油棕-栽培技术
Ⅳ. ①S565.9

中国版本图书馆 CIP 数据核字（2018）第 199498 号

责任编辑：魏　巍　赵玉清　　　　　　　　　　文字编辑：周　倜
责任校对：宋　夏　　　　　　　　　　　　　　装帧设计：关　飞

出版发行：化学工业出版社（北京市东城区青年湖南街 13 号　邮政编码 100011）
印　　刷：北京京华铭诚工贸有限公司
装　　订：北京瑞隆泰达装订有限公司
710mm×1000mm　1/16　印张 11½　字数 209 千字　2018 年 11 月北京第 1 版第 1 次印刷

购书咨询：010-64518888　　售后服务：010-64518899
网　　址：http://www.cip.com.cn
凡购买本书，如有缺损质量问题，本社销售中心负责调换。

前言

　　油棕是一种热带木本油料作物，起源于西非和中美洲，西非的非洲油棕榈是目前主要的栽培种，19世纪被引入东南亚，在20世纪60年代迅速推广种植。到目前为止，从产量、国际贸易量和贸易额上看，油棕是与大豆旗鼓相当的大宗油料作物；与橡胶、蔗糖相比，油棕又是近年来贸易额最大的热带农产品；从应用角度来说，油棕还是非常有潜力的、热门的能源作物。

　　从上游来看，在热带农作区，油棕易于种植，条件适宜时，生长迅速，经济寿命长，效益巨大，其中，印度尼西亚和马来西亚的油棕占到了目前全球产量的80%。"海上丝绸之路"沿线的部分国家因气候适宜，也在积极推广油棕种植。目前，商业种植加上小农种植，油棕种植面积已达数千万公顷。其商业种植是众多资本进行长期投资的选项之一，也正是通过这一行业，迅速造就了东南亚一批商业巨头的崛起。伴随着商业种植园周边区域发展的小农种植，更是增加油棕宜植区民众收入的有效措施。小农油棕种植户多依托于商业种植园收购取得收益，其收益促进了当地社会发展和进步，从教育、医疗等方面，实实在在地提高了当地民众的生存、生活质量。由此，不难发现，成功的商业种植是该产业的中坚力量，正是这一力量，为油棕产业下游链条上所有参与者提供了原材料；借助于成功的商业种植，在当地民众、政府和资本实体之间形成了良性的互馈，最终共同发展进步。

　　从下游消费市场看，中国、印度和欧盟是目前主要的棕榈油消费国家和地区，了解油棕上游种植情况，对于理解和把握棕榈油市场有着一定意义。而中国作为人口大国，棕榈油进口量也长年高居不下，加之近年来的消费趋向健康化、绿色化，粮油需求开始从"量"的要求过渡到对"质"的要求，了解棕榈油的生产过程和潜力，加深对其产量的认知之余，还透过种植、加工等过程，发现棕榈油质量是值得信赖的。从未来发展潜能看，无论是生物能源，还是随着生活质量提高，人们对食品、日化等需求日益增长，尤其是"海上丝绸之路"沿线的热带国家的快速发展，辅以近年来出现的新技术，棕榈油行业都还有很大的进步空间。

本书作者以多年工作经历，整理成文，概述油棕的基本情况，浅析其经济效益，介绍商业种植园开发过程和加工过程，并探讨油棕业未来的发展。

受制于个人水平，难免有纰漏之处，敬请大家指正。

作者

2018 年 6 月

目 录

1 油棕概述 ………………………………………………………………… 1

1.1 起源及分布 …………………………………………………………… 1

1.2 油棕产品及应用 ……………………………………………………… 3

1.3 种植、产出及市场概述 ……………………………………………… 5

   1.3.1 全球 ……………………………………………………………… 5

   1.3.2 中国 ……………………………………………………………… 8

2 油棕种植园概述 ……………………………………………………… 10

2.1 油棕生长条件及商业化种植规模、分布 ………………………… 10

2.2 商业品种及繁殖方法 ……………………………………………… 15

2.3 商业种植园产量 …………………………………………………… 17

2.4 商业效益简析 ……………………………………………………… 19

3 油棕生物学特征 ……………………………………………………… 21

3.1 根系 …………………………………………………………………… 21

3.2 茎杆 …………………………………………………………………… 23

3.3 叶 ……………………………………………………………………… 24

3.4 花 ……………………………………………………………………… 26

3.5 果 ……………………………………………………………………… 30

3.6 测量 …………………………………………………………………… 32

   3.6.1 高度、树径测量 ………………………………………………… 32

   3.6.2 叶长、宽测量 …………………………………………………… 33

   3.6.3 叶面积计算 ……………………………………………………… 33

   3.6.4 叶片取样 ………………………………………………………… 33

4 油棕种植园的规划及建设 ………………………………………… 36

4.1 开发前确认 ………………………………………………… 36

4.2 规划及指导原则 …………………………………………… 37

4.2.1 种植品种、种植密度及株行距 …………………… 38

4.2.2 土地使用规划 …………………………………… 42

4.2.3 道路/排水系统 ………………………………… 45

4.2.4 苗区规划 ………………………………………… 49

4.2.5 办公生活区 ……………………………………… 51

4.2.6 预算案 …………………………………………… 51

4.3 开发建设 …………………………………………………… 52

4.3.1 清芭、备地 ……………………………………… 53

4.3.2 道路系统 ………………………………………… 56

4.3.3 农田水利工程 …………………………………… 59

4.3.4 房屋及其它 ……………………………………… 61

4.4 覆盖作物 …………………………………………………… 61

5 油棕苗区开发及管理 ……………………………………………… 64

5.1 幼龄苗 ……………………………………………………… 65

5.1.1 建立幼龄苗区 …………………………………… 65

5.1.2 幼龄苗区管理 …………………………………… 68

5.2 大龄苗 ……………………………………………………… 70

5.2.1 建立大龄苗区 …………………………………… 71

5.2.2 大龄苗区管理 …………………………………… 72

5.3 超龄苗 ……………………………………………………… 74

5.4 种苗筛选 …………………………………………………… 75

5.5 种苗出圃 …………………………………………………… 76

5.6 组织培养育苗 ……………………………………………… 77

6 油棕定植及成熟前管理 …………………………………………… 79

6.1 油棕定植 …………………………………………………… 79

6.1.1 标定 ……………………………………………… 79

6.1.2 田间整理 ………………………………………… 81

6.1.3 种苗准备 ………………………………………… 82

6.1.4 定植 ……………………………………………… 83

6.1.5　大田统计及补苗 ·· 85

6.2　成熟前油棕养护 ·· 86

　6.2.1　杂草防控 ·· 87

　6.2.2　施肥 ·· 91

　6.2.3　修剪 ·· 92

　6.2.4　大田间作 ·· 93

　6.2.5　人工授粉 ·· 94

6.3　基础设施建设及维护 ·· 95

7　油棕成熟期管理 ··· **97**

7.1　收获 ·· 97

　7.1.1　成熟标准 ·· 98

　7.1.2　收获周期 ··· 100

　7.1.3　收割操作 ··· 103

　7.1.4　短期产量预测 ··· 106

　7.1.5　收获人力及薪酬管理 ··· 108

7.2　果串运输 ··· 110

　7.2.1　道路及其它运输 ··· 111

　7.2.2　运输与协作 ··· 113

7.3　成年油棕林抚管 ··· 115

　7.3.1　需肥特性及来源 ··· 115

　7.3.2　营养元素种类 ··· 118

　7.3.3　施肥依据 ··· 122

　7.3.4　施肥操作 ··· 125

　7.3.5　养分还田 ··· 127

　7.3.6　水分管理 ··· 129

　7.3.7　杂草及其它 ··· 131

7.4　复种 ··· 132

　7.4.1　复种条件及方式 ··· 132

　7.4.2　复种准备及操作 ··· 133

8　油棕种植园损失管理 ··· **136**

8.1　常见病虫害 ··· 136

　8.1.1　动物危害 ··· 137

   8.1.2　昆虫危害 ·· 140

   8.1.3　常见的叶片病害 ·································· 146

   8.1.4　常见的花果病害 ·································· 149

   8.1.5　茎杆、根部病害 ·································· 150

  8.2　自然灾害及其它损失 ································ 152

9　压榨厂运营 ·· **156**

  9.1　技术原理 ··· 156

  9.2　工厂规划 ··· 160

  9.3　运营操作 ··· 162

  9.4　产品质量 ··· 164

   9.4.1　酸性 ·· 165

   9.4.2　水分、杂质及杜比值 ······················· 166

10　油棕业未来发展 ································· **167**

  10.1　环境保护 ··· 167

  10.2　消除贫困和社会进步 ··························· 169

  10.3　综合开发利用 ···································· 170

  10.4　商业种植的未来 ································· 172

附录 ·· **174**

  附录一　种植密度-株行距对照表 ················· 174

  附录二　单公顷沼泽地种植油棕投入-收益表 ···· 175

参考文献 ·· **176**

1

油棕概述

1.1 起源及分布

油棕，Oil Palm，学名：*Elaeis*（源自希腊语，意即"油"），又称油棕榈、油椰子，常绿直立乔木，是棕榈科（Arecaceae）的一属，为生长于热带地区的木本植物，是一种非常高效的油料经济作物，分为两种：一种是原产于西非的非洲油棕榈（*Elaeis guineensis Jacq*），发源地位于安哥拉至冈比亚的西非沿海岸地区，是目前最主要的栽培种，广泛种植在马来西亚、印度尼西亚和西非地区；另一种是原产于中美洲的美洲油棕榈（*Elaeis oleifera*），又称黑果棕榈，主要分布在洪都拉斯至巴西北部，多为自然生长，目前多作为种质资源，为培育高抗性和优良脂肪酸表现的栽培品种提供基因资源。本书中如无特别说明，所指油棕均指前者。

成熟的油棕树体高大，受粉后 5～6 月，果串成熟，其果粒上的果肉，经物理压榨，制取的油被称为棕榈油（Palm Oil），是油棕最主要的产品，也是一种重要的植物油；同时，其果仁可以制取棕榈仁油（Palm Kernel Oil），简称棕仁油。其重要性主要体现在以下几方面：首先，相较于大豆、油菜籽、向日葵等其它油料作物，其产量高（表 1-1），2017 年，在所有植物油脂产量中占比高达 35.3%（图 1-1）；其次，单位面积产量方面，油棕是目前单位面积产量最高的油料作物，高出其它油料作物数倍甚至数十倍，也因此，被誉为"油王"；再次，其在国际贸易中占据重要地位，2017 年，在全球植物油贸易中，按贸易量计算，占比高达 61.9%（图 1-2），当年其全球产量的 71.8% 进入国际贸易环节；最后，其用途广泛，无论是食品工业还是日用化学品工业，棕榈油和棕榈仁油都是重要的原料油，棕榈油也被用来生产生物柴油，成为新能源领域的一员。

表 1-1　各油料作物出油率及单产比较

作物及产品	作物单产 /[吨/(公顷·年)]	出油率 /%	油脂单产 /[吨/(公顷·年)]	棕榈油较之倍数
油棕-棕榈油	19.03	20.1	3.83	
油棕-棕仁油	0.99	45.4	0.45	
大豆-大豆油	2.50	18.0	0.45	9
油菜-菜籽油	1.75	39.4	0.69	6
向日葵-葵花籽油	1.25	41.6	0.52	7
花生-花生油	1.04	43.3	0.45	9
椰子-椰子油	0.52	65.4	0.34	11
棉花-棉籽油	1.28	14.8	0.19	20

注：数据来源于 Oil World。

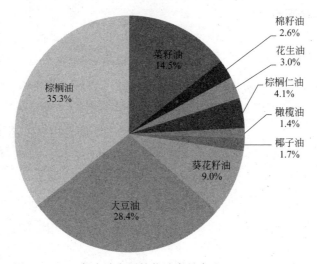

图 1-1　2017 年全球主要植物油产量占比（USDA，2018）

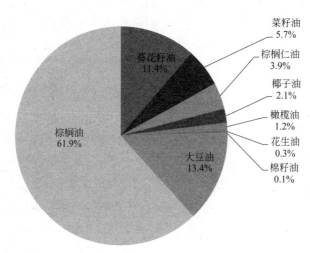

图 1-2　2017 年全球主要植物油贸易量占比（USDA，2018）

1.2 油棕产品及应用

油棕的主要产品是植物油脂，包括棕榈油和棕榈仁油，除此之外，棕榈仁粕、纤维和棕榈仁壳也可视作其产品。棕榈果粒横切面见图 1-3。

中果皮

内果皮(俗称仁壳，Shell)

外果皮

棕榈仁(PK)

图 1-3 棕榈果粒横切面

棕榈油是由棕榈果的中果皮，也就是我们俗称的果肉部分，经物理压榨而制得的，称为毛棕油（Crude Palm Oil，CPO），又叫棕榈原油、棕榈油或毛油，此时棕榈油熔点约为 33～39℃，碘值 52 左右，仍含有胡萝卜素、少量蛋白质等物质，经脱色脱臭等精炼工艺后，可以得到精炼棕榈油（Refined Bleached Deodorized Palm Olein，RBD），又称棕榈液油，这类棕榈油的熔点通常不高于 24℃，碘值不低于 56，棕榈液油是棕榈油国际贸易的主要交易产品。因为组成棕榈液油的棕榈酸、油酸和亚油酸等组分的熔点各不相同，因此，可以根据这一特点经低温过滤的分提工艺对棕榈油进行分提，得到超级棕榈液油和棕榈硬脂。表 1-2 是这四种油的理化性质对比。

表 1-2 部分油品理化性质对比

油品	熔点①	碘值②	相对密度	折射率
毛棕油	33～39℃	50～55	0.891～0.899(50℃/20℃水)	1.454～1.456(50℃)
棕榈液油	≤24℃	≥56	0.899～0.920(40℃/20℃水)	1.458～1.460(40℃)
超级棕榈液油	≤19.5℃	≥60	0.900～0.925(40℃/20℃水)	1.463～1.465(40℃)
棕榈硬脂	≥44℃	≤48	0.881～0.891(60℃/20℃水)	1.447～1.452(60℃)

① 油脂由固态熔化成液态的温度，即固相和液相蒸气压相等时的温度。
② 在规定条件下与 100 克油脂发生加成反应所需碘的质量（克）。
注：数据来源于国家质量监督检验检疫总局 GB 15680—2008《中华人民共和国国家标准 棕榈油》。

毛棕油可以直接用来参与皂化反应制造肥皂，如西非，存在较多此类制皂作坊；精炼后得到的棕榈液油可被直接用作煎炸油，也可与其它熔点较低的油，如大豆油调和，作为日常烹调油直接使用，也可以经再加工制造人造奶油、起酥油等；分提后的超级棕榈液油因为熔点更低，在东南亚和非洲等地可直接作为烹调油使用，在冬季气温较低的地区，通常与大豆油等低熔点油调和后作为食用油使用，除此之外，也可进一步加工成人造奶油、起酥油等；棕榈硬脂因常温状态下是固体，通常不直接食用，而是进入食品工业领域加工成人造奶油、起酥油，也可以进入日化领域，制成肥皂、洗衣液等。

棕榈仁油是棕榈仁（Palm Kernel，PK）经加工后得到的一种产品，相对于毛棕油，不是主要产品，但其单位面积产量依然可观，甚至与部分油料作物产量相当，与椰子油存在一定相似性，其用途更多的是进入工业领域，如食品工业，制作人造奶油、糖果油脂等，也可经精炼氢化后制成棕榈仁液油，用在糕点、速饮等食品加工中；在化学工业领域，其分解得到的脂肪酸和甘油可用作许多其它化工产品的原料。同时，加工棕榈仁油后得到的棕榈仁粕，是非常有价值的副产品，可用作动物饲料。

近年来，棕榈油开始在生物能源领域大显身手，主要是用来生产生物柴油（又称生物质柴油或生质柴油），无论是棕榈油、精炼棕榈油，还是棕榈仁油，以及菜籽油、大豆油、花生油、小桐子油和餐饮废弃油脂，理论上都可以制备生物柴油。因为上述油脂中主要成分是甘油三酯，与甲醇在催化剂的催化下，可以得到脂肪酸酯。脂肪酸酯的物理和化学性质与柴油非常相近甚至更好。目前，欧盟生产生物柴油主要来源是葵花籽油，美洲地区主要使用大豆油，东南亚则主要使用棕榈油，中国主要使用废弃油脂（地沟油）、棕榈油。

动、植物油脂的主要成分是甘油三酯，表示为 $\begin{array}{l}CH_2COOR\\|\\CHCOOR'\\|\\CH_2COOR''\end{array}$ ，结构示例如图：

R、R'、R″基团均为碳链结构，可以相同，也可以不同，其中的不饱和键越多，油脂的碘值越大，熔点越低。这些基团水解后，得到脂肪酸，上图中 R—COOH 即为棕榈酸，R'—COOH 即为油酸，R″—COOH 为 α-亚麻酸。棕榈油水解后，主要含月桂酸和棕榈酸。

除了得到棕榈油和棕榈仁油外，油棕生产加工的另一些副产品还包括纤维和棕榈仁壳。纤维的来源：一是中果皮经压榨后的细小纤维，经干燥后，可以直接用来燃烧发电，或者制作有机肥还田；二是空果串，即整串棕榈果串脱粒后剩下的果穗，通常也是还田；三是在养护期间砍下的下层老叶，通常是直接放置在田间适当位置还田。近年来，油棕纤维利用率越来越高，相关产品也开始出现在市场上，如防风固沙的垫子、棕丝刷、床垫和胶合板等。棕榈仁壳，生物学上，应该是果粒的内果皮，果核经破碎后分离而来，是热值非常高的优良燃料，通常在种植园中被用作锅炉燃料，生产蒸汽，以供生产用蒸汽和驱动汽轮机发电供应整个种植园用电；也可经高温炭化，制作成优良的活性炭。

1.3 种植、产出及市场概述

1.3.1 全球

受油棕生长条件限制，油棕的宜植地带限定在南北纬10°之间。自19世纪中期，由欧洲人将其作为景观树引进东南亚，发现其商业利用价值后，东南亚迅速成为全球最大的棕榈油产区，其中，以印度尼西亚和马来西亚为主产区，泰国产量迅速增加。截至2017年，印度尼西亚、马来西亚两国共种植约1600万公顷油棕，并且还处于增长态势中，印度尼西亚尚有大量小农户种植未计入其中。除这两个国家之外，东南亚其他地区、非洲及美洲部分区域也是棕榈的宜植区域，这些区域潜力巨大。

从2017年收获面积来看（图1-4），前3大国家占到全球收获面积的81.7%，高度集中，其中，印度尼西亚为最大的种植国，约1190万公顷的种植面积，成熟面积约950万公顷。前5大种植国中，印度尼西亚、马来西亚和泰国在东南亚，占全球种植面积的73.0%；而西非作为油棕的发源地，其收获面积占全球的17.4%。尼日利亚是西非的主要种植国，但加纳、科特迪瓦和利比里亚是非常值得关注的国家。从种植形式上看，主要分为大规模商业种植和小农户种植，其中，大规模商业种植中，按其自行披露的数据，全球前10大商业种植公司中，大部分来自马来西亚和印度尼西亚。从产量上看，因为马来西亚是最先开始油棕商业化种植的国家，油棕曾一度是其主要经济来源，因此，长期占据产量榜首。但从20世纪90年代开始，带动其邻国印度尼西亚油棕产业快速发展，自90年代至今，印度尼西亚棕榈油产量整体趋势一直保持增长，2005年，开始超过马来西亚成为第一大棕桐油生产国（图1-5），油棕产业也成为印度尼西亚的支柱产业。因为靠近中国和印度两大消费市场，加之临近的马来西亚和印度尼西亚产业经验成熟，近年来，东南亚其他国家的油棕产业也随之迅速发展，泰国已取代尼日利亚成为第三大棕榈油产出国，巴布亚新几内亚油棕业也迅速发展，这两国在2015年是棕榈油增产幅度最大的国家。除此之外，近年来，部分商业资本在非洲开始大规模开发油棕种植园，但并未披露具体面积。在未来，利比里亚、刚果金、加蓬可能会成为新的棕榈油出口国，但短期内依然无法超过印度尼西亚和马来西亚。

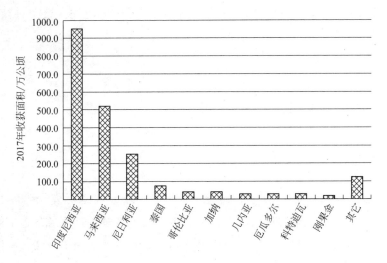

图1-4　前10大油棕收获面积国家（USDA，2018）

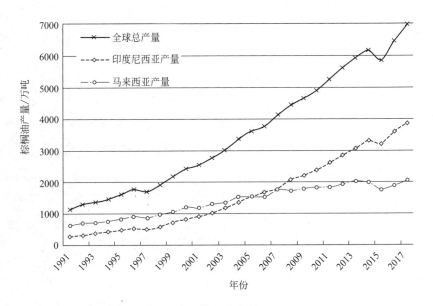

图1-5　全球及主产国棕榈油产量（USDA，2018）

从生产和消费情况看，种植和收获面积大量集中在印度尼西亚和马来西亚两国，因此，全球棕榈油和棕榈仁油也多由此两国生产，2017 年，此两国产量约合 5900 万吨（图 1-5），占到全球棕榈油产量的 84.3%，其中，4500 万吨用于出口（USDA，2017）。棕榈油主要的消费国家和地区中，印度、中国和欧盟是棕榈油国际贸易的主要出口目的地，其中，印度自 2008 年开始，超过中国，成为全球最大的棕榈油消费市场。

从出口和贸易角度来看，油棕进入国际贸易的产品主要是棕榈油和棕榈仁油。自 2000 年以来，从出口贸易量上观察，一直呈增长态势（图 1-6）；但价格方面，随着世界经济形势和供需变化常年波动，整体观察，与大豆油的价格走势大致相似（图 1-7）。值得注意的是近年来，作为生物柴油的原料油，价格又开始受原油价格影响；另一个不可忽略的价格影响因素是迅速崛起的发展中国家需求，如印度、巴基斯坦、孟加拉、尼日利亚、越南等，其消费人口占全球四分之一，未来的消费能力值得关注，这些无疑都增加了价格的波动性。综合考察贸易量和年均价，其国际贸易额近 3 年来平均约 310 亿美元，而同期，蔗糖、橡胶等热带大宗经济作物国际贸易额约为 200 亿美元、120 亿美元（穆迪指数，USDA，IRSG，2018），由此可见，油棕是一种极为重要的热带大宗经济作物。

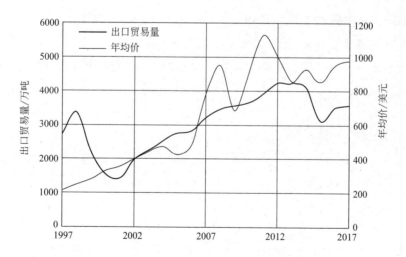

图 1-6　1997—2017 年棕榈油出口贸易量及价格（穆迪指数，USDA，2018）

除此之外，以马来西亚为例，其油棕对国内生产总值（GDP）的贡献比例，也反映出油棕的重要性。2016 年全年，农业部分占马来西亚 GDP 贡献率为 8.1%，这其中，油棕占到了 43.1%，森林伐木业占 7.2%，橡胶业占 7.1%。

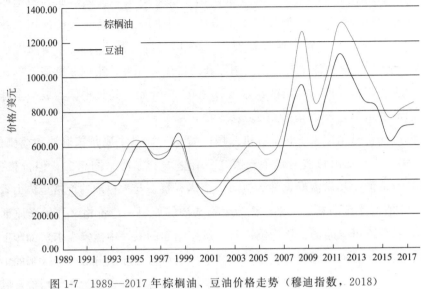

图 1-7　1989—2017 年棕榈油、豆油价格走势（穆迪指数，2018）

1.3.2　中国

　　严格来说，我国并没有适宜油棕生长的气候条件，即使在我国热带作物宜植区的最南端，三亚附近，个别年份中的 11 月至 3 月，会出现 19℃ 以下的低温；另外，其年平均降水量也不足 2500 毫米。1926 年至 1949 年间，归国华侨从东南亚迁回海南岛和粤西地区时，开始将油棕引种至中国，目前有资料可考的最早种植是在广东省徐闻县，由一位旅居马来西亚的华侨，在 20 世纪 20 年代末期带回几株种苗，种在徐闻县东部。中华人民共和国成立后，意识到油棕的经济价值，至 1955 年，推广至 100 亩●左右。1958 年、1959 年，国家外贸部门向印度尼西亚、马来西亚、锡兰（今斯里兰卡）、泰国、柬埔寨、印度和越南等国家，引进油棕种子，开始了系统性的引种和研究。到 1960 年时，种植面积达到 11.34 万亩（约 7560 公顷）。20 世纪 80 年代开始，根据历史表现，大部分地处不适宜种植区的油棕逐步淘汰转产，改种植橡胶及其它经济作物。

　　2001 年至 2010 年，中国棕榈油进口量从 202.8 万吨急增至 571.1 万吨，年增长率超过 12.2%，迅速成为棕榈油消费大国。伴随着这一过程，棕榈油价格也急剧攀升，年均价同期从 2000 年 310.25 美元/吨升至 2010 年初的 900.8 美元/吨，至 2010 年 12 月，价格更是剧增至 1170 美元/吨（图 1-8）。伴随着国际市场剧变，

●　1 亩＝666.67 米²。

2010 年末，国务院下发了《国务院办公厅关于促进我国热带作物产业发展的意见》（国办发〔2010〕45 号）。之后在 2011 年初，农业部农垦局制定了《油棕品种区域适应性试种工作方案（2011—2020 年）》（农办垦〔2011〕4 号），正式开展中国热区油棕适应性试种。目前，参与试种单位包括海南、云南和广东热区的 7 个科研单位，建立了 7 个试种基地、2 个抗寒前哨点和 1 个抗旱试验基地。通过系统的实验、研究，参与试种的科研单位选育了数个优良品种。

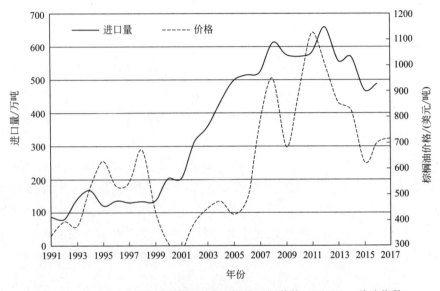

图 1-8　1991—2016 年我国棕榈油进口量及国际价格（USDA，穆迪指数）

除国内科研单位的努力外，国内相关产业公司或商业资本等，也注意到了该行业蕴藏的巨大机会和红利，在中国进口量和油棕价格大涨的 2005 年前后，众多国内资本或企业开始在东南亚、非洲、南美等宜植区域积极布局。近年来，响应"走出去"和"一带一路"倡议，在海外的农业投资也更加积极地参与到这一行业中来，这其中，有产业资本在当地以公司实体开展具体业务运营的，也有以财务投资者的身份进入，通过参股、控股等进入该行业的，总的来说，在油棕种植、初加工、仓储物流、深加工等，都有所涉及和参与。

2

油棕种植园概述

　　油棕种植园可以理解为将油棕作为主要种植作物，甚至仅以油棕为单一种植作物的农场，其通过规范化、科学化、规模化种植、加工油棕，最终以商业盈利为目的。大型的种植园，其规模往往上万公顷，配套建设压榨厂，水电供应设施，供人员居住、办公、生活的房屋等基础设施。压榨厂又称工厂，用来对油棕种植园产出的果串进行初加工。在业内，通常达到一定规模的商业化种植园，均会配套建设一座压榨厂。这类规模成千上万公顷，配套有初加工设施的种植园，是典型的商业化种植园，不以销售原始农产品作为收入来源，而是进行一定程度的初加工，多以销售毛棕油作为营收来源。本书着重介绍和讨论的油棕商业种植，即以此类种植园为主要对象，但对不具加工厂的种植园依然有参考意义。

　　目前大型的商业化种植园多分布在东南亚，非洲中、西部和南美洲靠近赤道的地带，这是由油棕的生长条件决定的，如前面章节介绍，虽然在高纬度地区进行了推广试种实验，但目前在高纬度地区成功的商业化种植园或油棕农场不多。本章将介绍油棕的生长条件，单体种植园的规模、分布，目前主要使用的品种和产量，并简要分析当前市场条件下的单位面积效益。

2.1　油棕生长条件及商业化种植规模、分布

　　油棕是典型的热带作物，喜高温、高湿、强光的环境，商业化种植是需要考虑资本收益的，因此，从自然条件出发，尽可能选取适宜的区域进行种植，这其中，除高温、高湿和强光环境外，对土壤也有一定要求。

　　温度方面。为达到最佳效益，一般要求多年平均最高温介于29～32℃之间，多年平均最低温介于22～24℃之间。在15℃时，油棕开始停止生长，3℃时，开始

出现冻害。与温度因素有关的包括纬度和海拔，如海南，相对于东南亚，因纬度较高，个别年份的冬季其平均温度在 15℃附近甚至更低，因此，会有数月的生长停滞，这是为什么在我国海南油棕产量不高的原因。随着海拔升高，温度会相应地下降，应留意当地的多年气象资料，一般而言，海拔 400 米以上的地方就很少种植油棕了。

光照方面。光照直接影响光合作用，因此直接影响到产量和出油率。年有效日照在 2000 小时以上的地区可以获得良好的产量和经济效益。与光照密切相关的因素有纬度和雾霾天数，这两者都影响光照强度。

水分方面。水分是决定油棕产量的关键因素。要获得最大产量，一般要求年降雨量达到 2000 毫米以上，并平均分布到各月，没有明显的雨、旱季，如无法达到每月的供水量，最好可以通过灌溉或者维持足够高的地下水位进行补偿。水分不足会直接影响到生长点的分化和生长，导致雌花败育并出现大量雄花，同时也会影响雄花花粉游离度和活性，直接影响雌花发育成果实和雄花花粉活性。年供水量不少于 750 毫米时，油棕均能存活，但产量不佳或直接无产出，如西非，个别干旱年份，可以观察到整树败育的雄花。供水极度欠缺，会导致油棕死亡，视不同树龄，死亡进度不尽相同。高降雨量，只要排水条件良好，不出现涝渍或者出现短时间的涝渍，油棕依然可以生长良好；一旦出现长时间的涝灾，根部长时间浸泡在水中，也将出现不利影响。

除了上述"看天吃饭"的因素，土壤地形方面也有要求。一般要求地形平坦，可以直接按种植点排布定植，也便于道路建设和运输；当地表坡度大于 15 度时，推荐按等高线开梯田，并根据实地状况确定道路线路；坡度大于 20 度时，从实际操作的角度出发，欠适宜，但并不代表不可以开发；坡度超过 30 度时，按照RSPO❶建议的标准，是不能开发的，但在早期（20 世纪 80 年代及之前）实际开发中，或者小农种植时，还是被开发出来。土质方面，综合考虑透气性、保水保肥能力、土壤本身自然肥力水平、酸碱度等因素。大体而言，矿质土最佳，黏土、沙土等其次。沼泽地需要考虑腐殖层深度和通过农业工程改良后的地下水位情况：腐殖层过深，树体过大时易倒伏；如果通过农业工程措施，开沟排水后地下水位依然过高，存在涝害风险，应当谨慎；同时，应当注意地下水的酸碱度，弱酸性为佳，所以沿海滩涂，或者靠近某些矿藏附近地带需要特别留意，虽然可以通过施肥，在一定范围内调节土壤酸碱度从而达到高产，但需要平衡经济效益。土壤

---

❶ 全球棕榈油可持续发展圆桌会议，Roundtable on Sustainable Palm Oil，2004 年成立于瑞士苏黎世的一家非营利组织，旨在促进棕榈油行业的可持续发展。

适宜程度见表 2-1。

表 2-1　土壤适宜程度

特性	适宜	一般	欠适宜
坡度/度	小于或等于 12	介于 12～20	大于 20
有效的土壤深度/厘米	大于或等于 75	介于 50～75	小于 50
质地	深层沙质土到表层黏质壤土	从深至浅层依次为:沙质壤土,致密黏土,酸性黏土	整体为:沙质壤土,白色黏土
结构以及坚固性	由深至浅从松软透气过渡到自然沉降的结实状态	整体易碎或坚硬或松散	整体不牢固或厚重或极其松散
红土/层状沙砾	无	15 厘米以下零星存在	非常厚重或者结实
酸碱度	pH 4.0～6.0	pH 3.5～4.0	pH 3.5 以下
泥炭厚度/米	0～0.6	0.6～1.5	1.5 以上
透性	中等	快或者慢	很快或者很慢

除此之外,对空气方面也有要求。一是风,强风地区,易产生风害,目前油棕的主产区印度尼西亚和马来西亚均不存在台风,主要是地形风,但在菲律宾北部、中国南部,应当考虑台风因素;二是空气中二氧化碳浓度,在成熟的种植园中,因为封行后通风条件差,加之周边没有人口聚集的城市或大量二氧化碳排放源,可能会面临二氧化碳不足的情况,一般通过将砍下的下层叶和压榨后的空果串、纤维还田,微生物将之分解过程中,会缓慢释放二氧化碳。

商业种植园一般要综合考虑上述所有自然条件,才能出具农艺措施上的可行性报告。土地规模方面,一般而言,早期认为 1 万公顷左右的单体种植园是较为经济的规模,此等规模正好可以很好地匹配一座自有压榨厂。在目前多地的种植园运营模式中,投资方为保证工厂的开机率,会直接获取相当规模土地,开发种植油棕,这部分种植油棕的土地通常被称为"自营地""自有种植园"或"核心种植园"。同时为防榨出的毛棕油游离脂肪酸(FFA)含量过高,新鲜油棕果串在采收后 24 小时必须杀酵并压榨,加上日常管理的便利性,自营地尽量不要过于分散。如果周边小农户种植规模可观,或者潜在的可种植油棕土地面积可观,且就近没有其他压榨厂竞争时,可以适当将自有种植园规模缩小,发展周边农户成为"外围种植者"(Out-grower),类似于国内"公司＋农户"的商业模式,由农户提供土地,甚至是生产资料进行种植,加工厂负责收购,在部分国家和地区为扶持当地原住民,这一措施或者类似的措施是必选项。因此,除了对农艺环境的可行性考察外,对当地的法律、税收及投资政策考察也必不可少。例如在印度尼西亚,法律规定,必须与当地民众分享不少于 20% 的毛利或者帮助当地民众开发不少于自有种植园面积 20% 的土地，称为 Plasma，类似于外围种植者，但需要自有种植园投入除了土地外的所有生产资料；在西非部分国家，不允许外国投资者直接建设大规模种植园，而是需要先扶持一定数量的小农户。有时，这些政策可能随着政府换届等进行变更，但总体而言，需要对当地这些政策进行了解，并综合考虑所有因素进行权衡。

鲜果串（Fresh Fruit Bunches，FFB）是种植园的直接产品，可简称为果串，果串不直接针对消费者市场，通常直接售卖给加工厂进行加工，通过直接售卖果串给加工厂达到盈利的种植也可以归纳为商业种植，这种情况下，少一部分投资，后期收益也会减少一部分。通常根据种植经营的土地规模，可以分为：小农（Farmers），规模 10 公顷以内，通常不会只单一地种植油棕，可能套种口粮或其它作物，在官方统计中，这类种植一般很难进入统计范围；小种植业者（Small Holders），规模几十公顷到几百公顷不等，也可能套种别的作物；油棕园（Estate 或 Oil Palm Farm），规模几百公顷甚至上千公顷，一般配备生活、办公设施，甚至有工人宿舍等，与本书重点讨论的商业化种植园相差无几。这些商业种植通常位于靠近交通道路、运输方便的地带，但严重受制于压榨厂，因为果串除了卖给压榨厂，没有更好的出路，因此，其抗风险能力低下，行情不佳时，小农或小种植业者可能会弃收甚至弃管，抑或直接换种其它作物，这也是成规模的商业化种植园都会自建压榨厂的原因。

目前，全球的商业化油棕种植总面积近 2000 万公顷，其生长条件直接决定了其分布，当前来说，商业种植主要分布在印度尼西亚和马来西亚。其中，截至 2017 年初的统计资料，印度尼西亚约 1190 万公顷，其中约 651 万公顷是由私人投资者投资开发的规模化商业种植，印度尼西亚国家农垦（PT Perkubunan Nusantara，PTPN）各子公司开发约 75 万公顷，小种植业者种植约 464 万公顷。截至 2017 年 12 月，马来西亚约 581 万公顷，354 万公顷是私人投资者投资开发的规模化商业种植，其中联邦土地发展局（Federal Land Development Authority，FELDA）和橡胶工业小农发展局（Rubber Industry Smallholders Development Authority，RISDA）等国有企业或政府代理业主种植约 129 万公顷，小种植业者种植约 93 万公顷。除此之外，在刚果金、喀麦隆、尼日利亚、加纳、科特迪瓦、利比里亚、巴西和其它一些中美洲国家也存在一些商业种植园，多由大型商业公司主导开发。所有适宜油棕生长的地区，均有小农户种植和一些产能低下的手工作坊，如尼日利亚等西非国家，这些作坊日处理能力 2 吨以下，年开工时间不足 60 天，产品质量不稳，多数用来制皂，这也是由当地雨、旱季明显，导致季节性产量不均匀决定的。缓坡地种植园见图 2-1。

图 2-1　缓坡地种植园

　　值得一提的是进行大规模商业种植的企业，这些企业的投资不仅直接开发面积巨大的油棕种植园，而且还带动了周边大量的小农种植，不仅通过提供工作岗位为当地民众增加收益，还为这些小农种植提供了油棕果串的变现渠道。这些商业实体在近半世纪中，迅速发展壮大（表2-2），崛起了一些商业巨头，起步于马来西亚（现在册国为新加坡）的 Wilmar（丰益国际）是其中的佼佼者，而起步于印度尼西亚的 Sinar Mas Group（金光集团）和 Salim Group（三林集团）在经历了1998年亚洲金融危机后，更是在21世纪再次迅速地崛起。这几大集团，业务囊括了农业、金融、食品加工、物流、地产、酒店等诸多领域，目前几乎都是横跨中国、印度、欧美的多元化商业集团。

表 2-2　全球 10 大油棕商业种植公司及规模

序号	公司名	公司在册国	土地储备 /万公顷	种植面积 /万公顷	压榨厂 /座	种植园分布国家和地区
1	Sime Darby Group	马来西亚	98.50	60.30	72	马来西亚,印度尼西亚,利比里亚,巴布亚新几内亚
2	Sinar Mas Group	印度尼西亚	48.54	50.77	—	印度尼西亚
3	Astra Agro Lestari Group	印度尼西亚	—	29.80	31	印度尼西亚
4	Kuala Lumpur Kepong Berhad	马来西亚	26.80	21.10	—	马来西亚,印度尼西亚,利比里亚
5	Wilmar International Group	新加坡	—	24.20	—	印度尼西亚,马来西亚,尼日利亚,加纳

续表

序号	公司名	公司在册国	土地储备 /万公顷	种植面积 /万公顷	压榨厂 /座	种植园分布国家和地区
6	Salim Group	印度尼西亚	—	24.74	24	印度尼西亚
7	IOI Group	马来西亚	21.80	17.43	15	马来西亚
8	Asian Agri	印度尼西亚	—	18.50	20	印度尼西亚
9	Musim Mas Group	印度尼西亚	—	15.20	16	印度尼西亚
10	Cargill	美国	—	8.00	9	印度尼西亚

注：1. 数据截至 2018 年 3 月初，来自各企业最新年报或网站批露；"—"代表年报或网站中未批露。

2. Sinar Mas Group 为其旗下两个子公司合并计算。

3. Salim Group 为其旗下多个子公司合并计算。

4. 截至 2018 年 3 月，IOI Group 旗下油棕产业出售 70％给邦吉集团，交易已完成，在此整体仍采用 IOI Group。

2.2 商业品种及繁殖方法

本书中讨论的非洲油棕榈（*Elaeis guineensis* Jacq），原下属两个品种，分别为厚壳种（*E. guineensis* fo. Dura）和薄壳种（*E. guineensis* var. *pisifera*）。两品种的最大区别在于果粒结构，厚壳种果粒大，但中果皮（果肉）薄，内果皮（棕榈仁壳）厚，仁大，中果皮占比极小，通常可抽取毛棕油部分仅占果串重量的 17％～19％，且出油率低，约 17％；而薄壳种正好相反，果粒小，中果皮几乎占据整个果实，内果皮（棕榈仁壳）退化为一小圈纤维带，仁小，且雌性败育，即其果仁无法发育成幼苗进行繁衍。两者杂交后，得到栽培种，即 Tenera 种（*E. guineensis* fo. Tenera），生产上一般又称为"D×P 系"（图 2-2）。从 1960 年以来，这个品种被广泛种植，其中果皮部分重量占到整个果串重量的 60％～95％，出油率在 22％～25％之间，单产更高。在印度尼西亚，知名度较高的 D×P 系商业种子有 Lonsum、Socfindo、PPKS 等。2013 年发现控制内果皮厚度的基因，使得在幼苗阶段就可以通过基因分析判断是否是 Tenera 种。

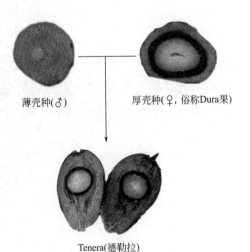

薄壳种(♂)　　　厚壳种(♀，俗称Dura果)

Tenera(德勒拉)

图 2-2　D×P 杂交示意图

长期以来，在西非、东南亚、南太平洋和拉丁美洲都存在致力于新品种研发的项目，这些项目既有由研究机构主导，也有一些由商业公司主导，特别是马来西亚，是目前油棕种质资源最为丰富的国家，众多的机构和商业实体都在积极地进行新品种选育，甚至使用生物工程等技术进行此项工作。值得注意的是，新品种的研发不仅关注产量，还关注含油率、胡萝卜素、维生素 E 等指标。近年来，矮化品种（可延长收获期，推迟复种时间）和适合生物柴油的品种是油棕种业的研发热点；同时，抗寒品种、棕榈仁油高产型和宜密植型品种也是研发方向。

目前，油棕的主流繁殖方法还是种子繁殖。自然状态下，没有果肉包裹的油棕种子有 6 个月或者更长的休眠期，萌芽不整齐，萌芽率也仅有 50％左右。而被果肉包裹的油棕种子，因中果皮腐烂产生的热量影响，萌芽期略短。

受此启发，商业育种公司从育种树上采下相应果串后，会分离果肉部分，将种子收集起来集中热处理，以缩短休眠期，增加萌芽率。目前商业育种公司通常的做法是把经杀菌剂处理过的种子含水量降至 17％左右，放在 38～40℃的环境中 40 天，部分育种公司会到 80 天，之后，将种子含水量提升至 22％，再放在合适的温度和湿度条件下 7～10 天，一般均可萌芽，萌芽率可达 85％～90％，此时，萌芽的种子才是商业种子公司出售的商品种子。如果种子采收后不立即催芽，而是需要长期储存的话，一般需要将种子干燥，在干燥阴凉的空调房中一般可以储存一年，但低于 5℃的环境可能会降低种子萌芽率。

值得注意的是，在通过有性繁殖获得的种子方面，任何一家声誉良好的商业种子公司、研究机构都无法保证是 100％的 Tenera 种。业界通常认为，每混入 10％的厚壳种（Dura 种）会造成 2.5％的产量损失。在印度尼西亚油棕产业快速扩张时期，部分种子供应商供应的种子中混入的厚壳种相当之高。所以，尽可能选声誉良好的种子公司，可避免产量损失，降低收益受损风险。而在幼苗时期，肉眼几乎无法区分厚壳种和"D×P 系"栽培种的区别，因此，一旦厚壳种油棕的种子进入商业种植环节，至少需要三年时间才可能被识别出来，这期间的投入是巨大的。

因为种子繁殖无法保证 100％德勒拉种，因此，人们希望通过组织培养、无性繁殖的技术进行油棕种苗繁殖。该项研究起源于 20 世纪 60 年代，1972 年联合利华最早成功培育出组培苗，因外植体分化时，产生的变异导致开花严重异常，一直无法大规模推广使用。1992 年由马来西亚油棕局开始进行组培苗商业化种植实验。2004 年，马来西亚开始大规模组培苗商业种植，并可将变异率控制在 3％以内。目前马来西亚组培苗繁殖能力每年约一千万株。同时，其试验结果表明，组培苗可以增产 30％。但因为油棕组织培养中，外植体来源有限，目前多局限于使用刚分化出的幼嫩组织（叶或花），刚萌发的种子的幼胚也行，但因为取用外植体时，无法观察其表现，存在一定风险，加之操作上存在一定难度，不具备普遍适用性，因此，目前组培苗尚未成为主流，仅部分具备优秀研发实力的公司或机构，开始了数千公顷的试种实验，如 FELDA 和 Wilmar。有理由相信，在未来随着技术的进步，组培苗一定能取得更大的进步和发展，届时，也必将取代种子繁殖成为主流。

2.3 商业种植园产量

一个商业种植周期一般 25 年左右，在该周期中，自第 3 年或者第 4 年开始收获，至第 7 年，产量快速增长，随后增速开始放缓，达到旺产期，约在 17～18 年产量开始缓慢下降，直至第 25 年左右，重新复种。油棕在理论上，其峰值产量可能达到 44 吨/公顷，但实际生产中，要低于此值，世界平均水平是 18～20 吨/公顷。在马来西亚沙巴州，有记录的是30～37 吨/公顷。表 2-3 是马来西亚油棕局（MPOB）管理良好的种植园多年产量数据，以及按照行业理论出油率和出仁率换算得到的理论棕榈油产量和棕榈仁产量，该地区雨量充沛，气温适宜，因此，其实际产量要高于西非地区。

表 2-3 MPOB 多年产量数据跟踪　　　　　　吨/(公顷·年)

树龄/年	产量	棕榈油产量	棕榈仁产量
1			
2			
3	8.03	1.77	0.40
4	16.32	3.59	0.82
5	22.09	4.86	1.10
6	25.61	5.63	1.28
7	27.62	6.08	1.38
8	28.87	6.35	1.44
9	29.63	6.52	1.48
10	30.13	6.63	1.51
11	29.88	6.57	1.49
12	29.63	6.52	1.48
13	29.38	6.46	1.47
14	28.87	6.35	1.44

树龄/年	产量	棕榈油产量	棕榈仁产量
15	28.87	6.35	1.44
16	28.12	6.19	1.41
17	27.87	6.13	1.39
18	27.62	6.08	1.38
19	27.37	6.02	1.37
20	27.12	5.97	1.36
21	26.87	5.91	1.34
22	26.62	5.86	1.33
23	26.37	5.80	1.32
24	26.12	5.75	1.31
25	25.87	5.69	1.29
26	25.62	5.64	1.28
27	25.12	5.53	1.26
28	24.37	5.36	1.22
29	24.12	5.31	1.21
30	23.62	5.20	1.18
31	22.87	5.03	1.14
32	20.08	4.42	1.00

对商业种植产量构成不利影响的因素众多，自然因素方面，主要有病虫害。适宜油棕种植地带的气候（温度、湿度等）都很适宜昆虫和很多微生物生长、繁殖，一旦面临病虫害，尤其是虫害，如果无法控制，将快速传播，导致在未来 3～6 个月内急剧减产。视病虫害持续时间长短，恢复产量时间也不同，病虫害时间持续越长，所需要的恢复时间越长。土壤养分欠缺也将导致产量下降，但不会急剧下降，有一个缓慢下降的过程。如果从定植后一直不施用任何肥料，视不同土壤类型的自然肥力不同，一般可维持产量 2～3 年，随后产量会开始衰减，补充肥料后，产量会逐步开始恢复，一般而言，24 个月左右，产量会恢复至正常水平。水分也是一个重要的影响因素，无论旱涝，均对油棕的产量不利，通过保墒或排水措施改善水分状况后，一般都可恢复，如果情况严重，会引起油棕树死亡。通常来说，油棕树龄越大，对水分等因素越不敏感，对不利环境的抗性越强。因此，面临旱涝等不利影响时，低龄树会先受害。除自然因素外，人为的操作失误、管理不足也会对产量产生不可忽视的影响。

2.4 商业效益简析

含有工厂的商业油棕种植园，主要投入是土地获取、开发种植、加工厂建设和养护，产出则主要来源于毛棕油和棕榈仁的销售。在实际的油棕商业种植园项目中，其效益分析是在商业可行性论证阶段就要完成的，只有论证其经济效益后，才可能启动实际的种植园建设，但因为是长期项目，对于后期市场行情等方面谁都不可能有准确的预测，所以，即使有详细、周全的可行性分析，也需要有以备万一的风险防控措施。

在此，针对印度尼西亚的沼泽地，基于 2018 年第一季度的市场行情，针对单公顷，就其农业部分效益进行简要分析。成本方面，主要包括开发、养护、施肥、收获。其中，开发方面包括土地测量规划、土地清理（清芭）、路沟房屋等基础设施、定植的费用；养护包含了杂草和病虫害防控成本。按 2018 年第一季度印度尼西亚成熟承包商对沼泽地开发的报价计算，各阶段静态成本如表 2-4 所示，其中，备地包含清芭、堆垛；种植包含购买种苗、定植费用，并备 10% 的额外费用应对补种等偶然事件；养护则包含了杂草防控、病虫害防治以及其它维护项；施肥包含了肥料采购、运输、施用成本。

表 2-4 单公顷开发成本

时期		项目	每公顷价格	
			印尼盾（IDR）	美元（USD）
收获前	开发	测量放样	500000	38.46
		备地	5500000	423.08
		路沟房屋	1500000	115.38
		种植	8500000	653.85
		其它	900000	69.23
	运营	养护	8000000	615.38
		施肥	11000000	846.15
收获期	运营	养护	4500000	346.15
		施肥	13000000	1000.00
		收获	550000 IDR/吨	42.31

按照表 2-4 内列举的价格，假定从第 3 年开始收获，在收获前，投入合计 5638.85 美元/公顷，按目前 663.0 美元/吨的棕榈油价格（穆迪指数，2018 年 2 月

均价）、450 美元/吨的棕榈仁价格，在收获后第 2 年（定植后第 5 年）达到投入最大值，此时每公顷约投入 7200 美元；收获后第 3 年（定植后第 6 年）开始产生正向现金流，无需再行投入，即单公顷的收入可维持运营；在收获后第 8 年（定植后第 11 年）即可收回全部投资，而此时，按业界至少 25 年的运营期限计算，整体项目至少还会运营 14 年，最终，每公顷收益约 22500 美元。按此计算的单公顷沼泽地种植油棕投入-收益表见附录二。不考虑资金时间价值的情况下，收益数倍于投入，通盘考虑整体 25 年的经济生命周期时，其内部收益率（IRR）为 13%。

需要说明的是，该计算基于下列条件：a. 沼泽地的开发，这是目前所有土壤类型中，开发成本最为昂贵的。事实上，2018 年初印度尼西亚政府指导开发价，自定植至第 3 年收获前，每公顷折美元约 4300 美元，低于表 2-4 中前三年合计投入的 5600 美元，但内部收益率对开发成本并不敏感。b. 种植成本中种苗采用直接采购成品苗，如果自己运营苗区，成本会进一步降低。c. 仅介绍了农业部分的效益，进一步考虑初加工带来的效益时，整体项目的效益会更大。目前在印度尼西亚普遍的看法是，自建压榨厂的情况下，每吨鲜果串的产值会提高 10 美元，整个项目运营期内，每公顷约合产出 450 吨鲜果串，不仅可以使自营地的果串增收，而且如果周边小农户种植面积可观，投资压榨厂时，还可以获得这部分果串的加工收益。d. 更重要的是，这种计算没有考虑通胀因素，对于未来的毛棕油价格走势无法准确预测。在过去，比如 2007 年左右开发的种植园项目，在 2011 年前后，毛棕油销售价 1000 美元/吨左右。而当时印度尼西亚的油棕主产地在苏门答腊，考虑汇率和通胀因素，按美元计价，其当时的开发成本，仅为当下的一半。按此粗略计算，其内部收益率（IRR）高达 42%，当年油棕行业不可谓不"暴利"，大部分商业化种植园仅用 5～7 年时间，就收回了全部投入。也就是在这一时期，油棕种植面积和产量都快速上升。因此，回到今天，对未来的这种静态测算可能不太妥当，但土地获取成本和开发所需要的物资、人力成本逐年上涨却是不争的事实，其中土地获取成本，无论是租赁、购买，其成本随着国家和地区的不同而不同，即使在同一国家和地区，不同位置的土地成本又是不一样的，但近年来，都是一直稳步上涨；而且，现在越来越多的国家原则上不同意购买或者长期租赁土地，同时从项目运营的公共关系等因素出发，与当地土地持有者合作开发，共享开发成果是比较推荐的方式。产品价格谁都无法预测，运用合适的金融工具降低风险是比较推荐的方式，目前，棕榈油产品在国内外都有运作成熟的商品期货或期权，这是未来一段时间平抑风险的工具。

3

油棕生物学特征

　　油棕树是多年生单子叶木本植物，属热带油料作物。一株成熟的油棕树，从下至上，依次是根系，树干（茎秆），树干顶部支撑着由簇生的叶子、果、花组成的树冠。各部分的生长都相关联，并受其生长环境的影响。油棕树的根系宏大复杂，伸展范围可超出树冠的覆盖范围，条件适宜时，深度可达数米。树干为单茎，呈圆形，高度可达 20 米以上。树冠主要由螺旋排列的叶片构成，羽状复叶，叶柄长达数十米，在其两侧着生小复叶；在叶柄与树干的"夹角"处，即叶腋位置，着生花果；雌雄同株异花，在花柄上，簇生着小花穗，花为三萼三瓣；果实一般在雌花现花 5～6 个月后成熟，果粒簇生在连接着果柄（雌花花柄）的小穗上，单个果粒呈卵圆状，约 10 克重。

3.1 根系

　　在成熟的种植园中，油棕的根系可沿着地面向外伸展到 4 排树的距离，在条件适宜时，向下伸展量同样巨大。在生产中，一般根据其分布位置和伸展方向的不同，将整体根系统分为四级八类。

　　一级根：由两类构成，即向下的垂直根（R1 VD）和水平伸展的水平根（R1 H），直径介于 5～10 毫米之间，自茎底部向下垂直或水平延伸，水平根可长达 25 米，环境适宜时，垂直根可达 6 米，是根系的骨架。二级根：由三类构成，从向下的垂直根（R1 VD）上沿着水平方向生长出的次生水平根（R2 H），和垂直于水平根（R1 H）分别向上、向下生长形成向上次生根（R2 VU）和向下次生根（R2 VD），直径多在 1～3 毫米之间，长度介于 2～6 米。三级根可从任何二级根上萌生，根据所在位置的深浅不同，分为浅层三级根（sR3）和深层三级根（dR3），直径多在 0.7～1.3 毫米，长度 1～2 米。四级根（R4）是从三级根上萌生的小须根，直径介于 0.4～

0.6 毫米，长度 15 毫米左右，起主要吸收作用（图 3-1，表 3-1）。

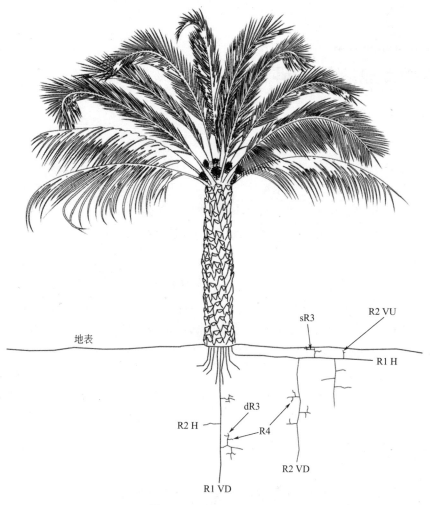

图 3-1 油棕树体示意图

表 3-1 油棕根系分类

序号	级别	类别
1	一级根	垂直根（R1 VD）
2		水平根（R1 H）
3	二级根	次生水平根（R2 H）
4		向上次生根（R2 VU）
5		向下次生根（R2 VD）
6	三级根	浅层三级根（s R3）
7		深层三级根（d R3）
8	四级根	小须根（R4）

这些不同形状的根分布在不同位置，在形态和功能上组成了一个完整的油棕根系。除地下部分外，油棕也存在气生根，这些根向上生长，但与地面接触前会停止生长，其主要作用是进行气体交换。

油棕根系的分布受土壤特性影响极大。向下生长的根系分布多取决于地下水位的高低，在透气透水的土壤中，根系生长发达，延伸得很深；但在不透水或地下水位高的地方，根系为了满足呼吸作用，在垂直方向上，根系分布在很浅的范围内。因此，在密实或常年积水的土壤中，根系规模要小于在通透性良好、松软的土壤中的根系。根系规模过小，对油棕生长和产量是不利的。

其次，杂草也会影响油棕根系分布。在油棕未成熟阶段或种植园未封行之前，如果杂草占据优势，将对油棕根系产生不利影响，并且在不予以人工干预的情况下，杂草的这种优势可以一直保持下去。

另外，施肥对油棕根系也存在影响。对未成熟阶段油棕的研究发现，提高土壤中氮含量和降低土壤表层温度对油棕根系的发育有积极作用。类似地，大量有机肥的施用能使其根系得到激增。除草的方法也影响着表层根系的发展，根据根系的分布，尤其是浅层三级根，使用除草剂的害处显而易见。在成熟的种植园，将修剪的叶子留存在地面腐烂，合理疏植，油棕根系会生长得更加好。通常，根据植物趋利性特点，根系都趋向水分和营养足够充分的地方伸展。在生产中，可以通过改良土壤性状和肥水调节，影响根系生长，来改善产量。

3.2 茎杆

油棕茎杆直立生长，支撑着整个树冠，连接根部，起到支撑，传输、储存营养物质等作用。其纵向生长速度直接决定油棕的经济寿命，增高速度过快，将会导致油棕在相对短的年限内，即达到可被收获的极限高度，进而需要复种，从而影响经济寿命。在定植后的一段时间内，茎是被叶子的叶柄完全包裹的，这给人直观印象是茎杆的直径很大，但从 11 年左右，叶柄根部开始从茎杆脱落，可以观察到其直径介于 45～60 厘米，茎底部稍粗。

在茎杆顶端，生长锥不断地分化出叶芽和花芽，进而发育成叶片和花组成树冠。因此，对茎杆顶部致命伤害可导致整株油棕树死亡。茎杆的向上生长速率，受遗传因素和生长环境的双重影响，平均而言，年平均增高介于 30～60 厘米，在生长环境很适宜的地方，部分品种年增高接近 1 米。在 3 龄前，年增高量较小；在 3～6 龄增高量有些增加，在 10 龄时最快，之后开始减缓。在不同的环境条件下，最终的茎杆高度是不同的，自然生长的油棕，可达到 25 米左右甚至更高，但在商业种植中，通常限定在 20 米左右，因为达到这一高度后，收获变得很困难。

在茎杆内部，充满碳水化合物、水分和其它养分的薄壁组织，叶片和果穗的维管组织直接与茎内的贮藏器官相连，便于叶片光合作用固定的同化产物贮藏和最终向果实运输，因此，营养条件越好，茎杆越粗壮，产量越好。同时，茎杆空腔内大量的碳水化合物，在被砍伐后，通过快速发酵，使其成为富含葡萄糖和果糖的酒精饮料，即棕榈酒或油棕酒（Oil Palm Wine），在部分油棕宜植区，特别小农种植，在将油棕树砍伐后，会以此作为一个经济来源。同样，对其它生物来说，茎杆是极佳的生物营养源，因此，密切注意茎杆上的寄生物，可能是一些蕨类植物、灵芝菌等，这些都将极大地影响产量，甚至造成油棕树死亡而失去经济价值。油棕树体死亡后，茎杆马上开始分解。茎杆中还富含纤维，可以用于制作果酱、人造纤维、木制填充物等。在复种时，若能发挥其经济价值，不仅可以避免潜在的病害传染，还可以为下一轮种植带来经济支持。

3.3 叶

成年油棕树，由 40～56 片叶片组成树冠，位于茎干的顶端，如不经修剪，存叶量可以达到 60 片。叶片的生长量受树龄、水分、温度影响明显，每月可抽生 2～4 片新叶片。在东南亚，3～4 年树龄的油棕树每年约能抽生 35 片叶，6 年的降到 28 片左右，12 年的降到 26 片左右；而在非洲，因为在雨、旱季受降水不均的影响，年抽生叶片数较东南亚偏低，西非 18～27 片，喀麦隆 16～20 片。旱季或低于 19℃时，新抽生的剑叶无法展开，因此，旱季时间长短直接决定叶片年生长量。在海南岛，低于 12℃，叶片不仅无法展开，甚至停止生长。土壤类型及养分对叶片生长量的影响有限，通常来说，土壤越密实，养分越低，叶片年生长量越低，但通过改善施肥等措施可以弥补。

叶片是由叶芽发育而来的，从生长锥叶芽开始，视外部环境差异，一般需要 12～24 个月形成可被直接观察到的剑叶，4～5 个月内，剑叶快速生长、羽裂，形成可被明显观察到的羽状复叶，达到成熟期。成熟的叶片包括叶柄、复叶和刺（图 3-2）。叶柄直接着生在茎杆上，宽度自连接茎杆处向前端越来越窄，叶柄通常能达到 6～9 米长，叶柄的宽度及长度取决于遗传、水分、养分等多方面因素。复叶或称小叶，对生在叶柄的两侧，有 250～400 个复叶。在靠近茎杆的叶柄根部，两侧分布着许多小刺，这些小刺也被认为是复叶退化而来的。

图 3-2　成熟油棕叶片

在茎干上，每 8 片叶一轮，上下形成螺旋排列，在清点叶片时，从上面的第一片完全展开的叶往下，按 1、9、17 类推的等差数列点数。叶片的排列方向分"左旋"和"右旋"（图 3-3），呈现"右旋"排列的，即叶片由"右上-左下"排列，"左旋"则反之。没有发现产量和叶片的排列方向有关联。叶号是指叶片在这个螺旋序列中的位置，从上到下按"1，2，3，…"排列，第一片完全展开叶为 1 号叶，往下一层为 9 号叶，对于右旋树而言，9 号叶在 1 号叶的左下位置，右旋树反之，再往下，依次为 17、25 号叶，在叶片修剪正常的成年树上，一般 40 号叶就是最下层的叶片了。与产量相关的两个叶片参数是叶面积和叶展角。叶面积对产量的理解

图 3-3　叶片"左旋""右旋"油棕

很容易，一般而言，叶面积越大，能够接受阳光进行光合作用的叶面积就越大，利于高产。叶展角是指叶柄与茎干的夹角，一般认为，大展角的油棕活力更佳，一是因为叶面积的垂直投影面积更大，因此更利于接受阳光进行光合作用；同时，也更加有利于叶腋位置的果串生长，在大田中，个别有遗传缺陷的植株因为叶展角不够大，致使果串无法成熟便"捂"至腐烂；另外，大展角的情况，也更加有利于收割时的操作。叶展角受遗传和环境两方面因素影响，遗传方面，因为久而久之的自然进化，在潮湿地区多见大展角品种，而小展角多出现在干旱地区；环境因素方面，种植密度决定各油棕树之间的竞争关系，可影响最终封行后各油棕个体的叶展角，一般来说，同一品种，种植密度越低，叶展角越大。

到 10 龄树为止，油棕叶面积一直增加，10 龄树的叶片生命周期约 21 个月，叶片抽生出来后第 11 个月开始，该叶片活力逐渐降低，自然状态下，可着生在茎杆上 12～20 年，之后会自然脱落，脱落后的茎杆是光滑的。但在实际生产中，对应叶片叶腋位置着生的果串被收割后，即可修剪掉该叶片。

3.4 花

油棕是雌雄同株异花，偶尔会出现雌雄同花，经常在树龄不足 5 年的油棕上出现，这是一种不正常的病态现象；也偶尔出现因遗传缺陷，只开雄花或不开花的油棕植株。条件适宜的情况下，油棕全年开花，无论雌花还是雄花，均着生于叶腋位置，每个叶腋有且只有一枚花，花与叶片存在一一对应的关系，所以，花随着叶片的不断抽生，也不断出现开放的，因此，理论上后续的结果也是连续不中断的。

在开花前 27～35 个月，已经开始出现花芽分化，其实存在一一对应关系的花和叶片，在前期的花芽和与之对应的叶芽是同时分化形成的，但叶芽的发育速度明显快于花芽，在叶芽发育成剑叶抽生后 9～12 个月，花芽才发育成花序，并在叶腋位置出现可被观察到。每一个花芽，在最初都具有发育成雌花或雄花的潜能，在花芽分化后的 9 个月，在正常发育成花序的过程中，只保留某一个性别发育，另一个性别不发育，因此，最终表现为雌雄异花同株。性别分化直接受环境影响，一般来说，不利的环境因素（如干旱）将导致大量的雄花出现，因为这种方式等于是消耗较低的能量将自身的遗传信息传递出去，这也是自然进化的一种选择；当环境再进一步恶化时，将导致所有花芽凋零，如在西非，经历连续干旱的年份后，很容易观察到油棕树上某些叶腋位置没有花，情况好一些的情况下，某一段全是雄花，偶尔有一个雌花或果串。无论雌花还是雄花，都是穗状花序，在从叶腋位置抽生出来的花柄上，向四周着生出许多小穗，小穗上生长着小花。

雄花主穗上生长着许多类似手指的小穗，每个小穗有 12～20 厘米长，有 600～1200 个很小的黄花，随着花龄变化，有明显的芳香气味，每枚雄花有 25～50 克的花粉，数百万粒花粉粒，花期 2～3 天，之后花的颜色变暗并逐渐枯萎。不同树龄的油棕树开出的雄花，其花粉活力没有多少区别，但在同一枚雄花中，随着花粉的逐渐释放，花粉活力逐渐变差。

雌花长 24～45 厘米，在花柄构成的主心轴上着生 100～160 个小花穗，在靠近茎杆的第一个小花穗上，着生 6～40 朵小花，整个雌花上一共会开出 2000～3000 朵小花（图 3-4）。随着树龄和地域的不同出现一些变化，花期前，经历比平时高 5～10℃的高温天气后，成花率显著提高。在雌花上，通常 1/6 的花在第 1 天开放，2/3 在第 2 天开放，余下的在第 3 天开放，这一过程也有可能延长到 3～5 天。授粉后，花瓣颜色由白到黄，当过了授粉期限后仍未授粉，花变成微红。这些细微的区别，对人工授粉有重大的指导意义。

图 3-4 雌花

雌性花期过后 2～3 周就能观察到授粉情况，授粉成功的果粒，表面光滑，形态矮胖，具有一个较为成熟的核（胚珠）。雌花上各个位置的小花，接受花粉的难易程度是不一样的，一般位于雌花花柄处和靠近茎杆一侧的小花难于捕获到花粉，这部分授粉没有成功的果粒，外形更为细长，表面不太光滑，一般会凋谢或者发育成一个单性结实的果粒。凋谢后，这些果实所在部位更易受到病菌攻击发生病变。

花的因素对产量的影响主要表现在两个方面，一是成花性别比，毫无疑问，全是雄花或无花是最不利于产量的情况，这意味着产量为零，所以，雌花的多少直接决定了有多少果串；但全是雌花时，就会出现另一个问题，这就是花的因素对产量影响的第二个方面——授粉，并且，这个影响非常重要。授粉不足时，部分未授粉的小花能够单性结实，形成单性果粒，这种果粒比正常的果粒要小，核内没有果仁，出油率低，大量的单性结实果出现时，预示着即将减产；当授粉严重不足时，将导致果串凋亡，凋亡的果串除减产之外，在凋亡后腐烂时，易于滋生微生物，增加出现病害的风险。

目前，油棕授粉途径大致分为自然授粉和辅助授粉。自然授粉，主要是通过风媒进行，因此，大田间的微风对于授粉是有好处的。这是因为油棕是雌雄同株但不同花，因为花是随着叶片的抽生次序次第出现在叶腋位置，这就决定了同一株油棕上，雌花和雄花肯定是不同时开放的，所以雌花必须依靠另外一株油棕的雄花花粉来完成授粉，如果田间通风良好，空气湿度合适，此时，对于风媒传粉非常有利。早期，人们将授粉不足归结于雄花不足。而在东南亚的雨季，湿度过大，几乎全部无法自然授粉，即自然条件严重制约自然授粉，直接导致了产量损失。因此，辅助授粉成为提高产量的一种农艺措施被开发出来，在这一过程中，人们对于油棕授粉的认知也显著提高。辅助授粉中，人工授粉是通过跨植株，甚至是跨地域采集雄花花粉，使用特制工具进行人工授粉，效率低下，成本高昂。

很快，人们发现使用生物媒介辅助授粉是比较可行的方法。原产于西非的象鼻虫（*Elaeidobius kamerunicus*）是目前油棕种植行业广泛使用的授粉昆虫，它们的数量和活力随时间、地点和天气的变化而变化，但无论是成虫或幼虫，均非常适合做油棕的授粉虫。因此，象鼻虫被引进到了马来西亚、印度尼西亚和巴布亚新几内亚，同时，象鼻虫也被引入印度和拉美地区。象鼻虫主要依赖雄花来完成它的生命周期（图3-5）。从卵到成虫一般要12天，一个完整世代15~19天，雌虫一般在枯萎的雄花中一次性产卵35个，因为老鼠、蚂蚁和部分鸟类会捕食幼虫，因此，其死亡率高，实际象鼻虫的数量仅以每代3.5倍的速度增长，低于理论上的增长率。值得注意的是，其成虫生活在雌花上，以雌花为食，但导致产量损失很小。

在印度尼西亚的经验表明，如果每枚雄花上有1500个象鼻虫活动，50%~60%的果实会授粉良好；3000个时，70%的果实授粉良好；但超过3000个时，象鼻虫数量与果实的授粉率没有很大的关联，因为，过多的数量反而降低了授粉效率。象鼻虫在雄花刚开放时，被散发出来的芳香气味吸引而来，花期的第二、三天，开放雄花上的象鼻虫数量达到最大值，然后逐步降低，到第六天时，雄花上的象鼻虫已经很少了。一天中，象鼻虫的活动时间也存在一定规律并受天气影响，在马来西亚，人们观察到，通常一天中07:00~08:30象鼻虫是不活动的，而在西非06:30~09:00象鼻虫是不活动的。在印度尼西亚，小雨不会影响象鼻虫的数量，

图 3-5 雄花及其上活动的象鼻虫

但小雨和微风天气会使象鼻虫活动减少。在西非，极热和干燥的天气会降低象鼻虫的数量。除此之外，其数目也随着月份和季节性变化而变化。在马来西亚沙巴州，人们发现，降雨使象鼻虫的数量呈季节性趋势，从而对油棕产量造成影响。

使用象鼻虫作为生物媒介授粉的结果是可观的，在节约人力、成本的前提下，象鼻虫可替代人工授粉。在马来西亚的一项实验中，使用象鼻虫明显提高授粉率，产量提升30%～50%，单果重提升28.1%，果仁占整个果重的比例提高了2%。

然而，尽管通过引进象鼻虫，增加了授粉率，但仍然有提高授粉率的空间。在东南亚及其他一些特定地区，种植业者描述引进象鼻虫后，授粉失败率仍接近30%，这主要是直接或间接的天气影响，雨季时受潮湿天气的影响会降低授粉成功率，除此之外，炎热和干燥气候对象鼻虫产生的不利影响更甚。

在种植园整个生态系统中，象鼻虫的引入，会对整体生态系统造成一些影响。比如，老鼠会以象鼻幼虫为食，从而增长繁殖能力。在老鼠对象鼻虫过度捕食的情况下，象鼻虫数量将大量减少，而老鼠数量将增加，会增加鼠害控制成本。鸟和青蛙也会捕食象鼻虫成虫，但其影响极轻微。除被捕食外，在潮湿天气下，一些寄生虫的数量与象鼻虫数量呈正相关，随着大量象鼻虫幼虫被寄生虫侵害，成虫的数量会大量下降。因此，引入象鼻虫后，需要对老鼠和寄生虫的侵害加强防控，以确保象鼻虫的数量稳定。

总体来说，引入象鼻虫对授粉有一定正向作用，但在象鼻虫"发挥"不佳的时段和地段，要考虑引进其它昆虫来弥补象鼻虫的授粉不足。只要解决象鼻虫数量问题，就可以保证授粉率，但如何确保象鼻虫数量，是商业种植中需要把握的问题。

除了育种等特殊目的外，在大田中，人工授粉依然是一个可选用的操作手段。以下几种情况下，依然需要人工授粉，一是在没有引进象鼻虫或者象鼻虫不足的种植园中；二是雌雄性别比过大，如在亚马孙流域，在某些环境下，雄花的数量为零，长时间单性结实，此时，可能需要远距离采集雄花花粉进行人工授粉。在西非，即使有象鼻虫存在，人工授粉依然可以增产 25%。

3.5 果

从植物学角度出发，油棕榈果是核果，由新鲜的果皮包裹着种子。中果皮（果肉）是最具有经济价值的组织，棕榈油便是从其中榨取的。内果皮（壳，Shell）内包裹着种子，种皮内，是乳白色的胚乳（棕榈仁，Palm Kernel），其中，胚乳是棕榈仁油（Palm Kernel Oil，PKO）的原料。单个的油棕榈果又被称为果粒或小果（Fruitlet），一枚果粒由一枚着生在雌花小花穗上的小花发育而来，这一过程通常需要 6 个月左右，整个雌花上所有小花发育而成的着生有大量果粒的果穗称为鲜果串（Fresh Fruit Bunch，FFB），简称果串（图 3-6），是种植园最主要的产品。

图 3-6 油棕未成熟果串（印度尼西亚）

一般而言，授粉后 45 天，受精的胚珠快速生长，这一阶段受外部环境影响明显，干旱、营养不良都会导致这一过程延长；之后开始出现果核，核内为液体状胚乳；60 天后，果粒不再明显增大，胚乳为胶质状，核壳颜色变深；90 天后，果核基本成型，果粒稳定下来，此时，水分占果粒重量的 66%～80%；随之，开始形成油脂并积累，这个过程在 120 天以后达到高峰；150～190 天，可观察到果粒颜色明显变化，一般是紫黑色变为橘红色，有些品种从绿色变为橙黄色，果粒含油可达 51% 以上，果粒与底座之间出现离层，果粒很容易脱落，表明果粒成熟。

这其中，个别过程受外界条件影响。整体而言，结实这一过程受天气变化影响较小。比如，长期干旱的天气可延长结实时间，但并不明显。例如在印度尼西亚，人们普遍认为旱季时，果串成熟比雨季时要慢，但通过比较世界各地的平均成熟时间，在西非，果实发育成熟平均需要 162 天，而印度尼西亚是 172 天，马来西亚，这个时期在 101～189 天之间，由此可见，外界环境对结实过程的影响是有限的。

每个果串所着生的果粒数量随着年龄而变化，大龄树的果串有 1600 个果粒，有时也受到种植密度的影响。果粒的尺寸和形态随着它们在果串上的位置而变化，一般达到 5 厘米长，重 10 克左右。大多数的果串中，果粒重量占到整体果串重量的 50%～56%，在授粉充足条件下，可达到 70%。

成熟时间上，根据在马来西亚的观测，授粉成功的雌花，平均经过 140 天后，果串就会出现首个果粒脱落，158 天后，脱落的数量大量增长，这是收获的最适宜时间。理论上而言，此时完全成熟的油棕榈果粒中，果肉含有 75.8% 的油、0.9% 脂肪酸，在脱落的果粒中，同样如此。从这一时刻往后，中果皮中的含油量不再增加，并开始酸化。但同一果串上，所有果粒不是同时成熟的，同一个果串，从顶端向果柄处逐渐成熟。因此，每个果粒的含油量是不同的。因此，选择在脱落的果粒数量达到一定时收获整体果串，理论上是可以保证所有果粒的含油量与酸价都在可以接受的范围内。

数据表明，3 龄树所结果实的含油率最高，但因果重不是树龄中最高的时期，因此，这一时期产油量并不是最高的。在此后，虽然果实的含油率有所下降，但因为果串重量增大，中果皮更厚，因此，产油量却是上升的，直到旺产期结束，产油量才开始下降。同时，在果粒成熟后，因果粒内脂肪酶的活动，果粒开始酸化，游离脂肪酸（Free Fatty Acid，FFA）开始缓慢上升，这会直接导致最终的产品——毛棕油的酸价提高，从而影响商业价值。

在条件适宜的情况下，随着叶片连续抽生而来的花，发育至成熟果串也是连续的过程，因此，全年都会有果串成熟。在旺产期的树上，可以观察到花、未成熟果串、成熟果串自上向下分布。一般而言，各种条件良好的油棕上，可观察到树冠底部排布两轮的花果。在整个油棕生命周期中都是连续收获的，一般而言，自第 3 年或者第 4 年开始有果串产出，从第 7 年开始，产量快速增长，随后增速开始放缓，进入旺期，约在 17～18 年产量开始缓慢下降。总的来说，各年产量会有高低变化，一年内产量也会因为环境有所起伏，但一般不会中断。图 3-7 是马来西亚油棕局（MPOB）跟踪的 32 年树龄-产量曲线❶。

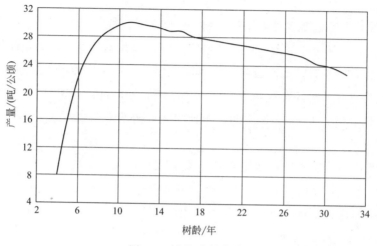

图 3-7　树龄-产量曲线

3.6　测量

针对油棕的生长情况进行定量分析时，测量工作必不可少。在此，简要介绍高度测量、叶片测量、叶面积计算方法，以及叶片取样操作。

3.6.1　高度、树径测量

高度测量，选最低处叶子的叶柄根部，沿树干至地面的最短距离测量，其结果作为高度。一定采用米作为计量单位，精确至 0.01 米。树体过高时，需要借助工具。

选取离地 1.5 米高度处，剥去包在茎外围的叶子，从两个不同的径向测量两次，取平均，作为树径。采用厘米作为计量单位，精确至 0.1 厘米。在低龄树上，因不能将茎秆外围的叶片剥除，此法无法进行。树周长可以用所得的树径按正圆形计算，也可以采用 1.5 米高度处，直接用绳围绕后进行测量，也可由此推算树径。从可以开始彻底剥离叶片后，在油棕的整个生命周期中，其茎秆周长变化不明显，

---

❶　Azman Ismail and Mohd Noor Mamat，"The Optimal Age of Oil Palm Replanting"，马来西亚油棕局。

因此，树径和茎周长并无太大实际意义。

重点关注的是茎秆增高量，也称为茎秆生长量，一般是以一年为期限进行观测，采用两年中同一日期的高度相减即可。但也可以使用这种方法：使用某一特定叶片，不一定是最低处的叶子，连续两年同一时间点从其根部测量至该片叶子的高度，相减即可。这种方法的缺陷就是这片叶片可能在第二年被修剪掉，从而失去参照点。

3.6.2 叶长、宽测量

叶片长：从叶柄根部至顶端的长度，记作 L，用米表示，精确至 0.01 米。

复（小）叶长：取整叶中间部位最长的一片复叶，测量该小叶的叶脉长度，记作 l，用厘米表示，精确至 0.1 厘米。

复（小）叶宽：测量上一步测量长度的复叶最宽处，计作 d，用厘米表示，精确至 0.1 厘米。

复叶数：清点整片叶片一侧的复叶乘 2，包括顶端的最小复叶，用自然数（n）表示。

3.6.3 叶面积计算

测量得到 3.6.2 中所有数据后，叶面积（S）按如下经验公式计算：

$$S = l \times d \times n \times c \tag{3-1}$$

式中 S——叶面积，平方厘米；

　　l——复叶长，厘米；

　　d——复叶宽，厘米；

　　n——复叶数；

　　c——叶面积指数（Leaf Area Index），是一个常数，一般在东南亚地区，根据不同树龄采用如下经验常数：1～3 年＝0.512，4～7 年＝0.529，8～14 年＝0.573，大于 15 年＝0.550。

3.6.4 叶片取样

在大规模商业种植园中，对特定的某一株油棕树，采取叶片样本进行分析是没有意义的，通常是执照一定规则，在整体种植园不同的点采取叶片样本，对其营养成分进行测定后，进而分析整个种植园的土壤和树体营养状况。因此，采样单元（Sample Unit）的确定非常重要。采样单元过大时，比如整个种植园取某一株树作为代表取样，这当然不能代表种植园整体状况；但反过来，这个区域过小，会非常准确地反映出整个种植园的土壤和树体营养状况，但会导致采样量过大，需要大量的人力和时间投入。所以为了准确地反映整个种植园土壤和树体营养状况，通常采用10～70公顷的面积为一个采样单元。在土壤类型相同的区域，采样单元稍大对结果的影响不大；但在土壤类型过渡地带，采样单元尽可能地小，但一般不推荐小于10公顷。在成熟的种植园中，另一个确定采样单元区域的方法更加直观，就是根据单位面积的土地产量（单产）来确定，将产量位于某一特定范围的地块视为一个采样单元，这样划分越细，采样则越多。在确定采样单元后，在每个采样单元区域内，一般而言，至少选取1%的油棕植株进行叶片采样，但如果采样单元过大时，为兼顾人力和时间，推荐取样株数上限为50株（表3-2）。

表3-2　采样单元面积、采样数及采样率

采样单元面积/公顷	油棕株数(大约值)	采样油棕株数	采样率/%
10～15	1400～1960	28～39	2.00
15～19	2100～2660	30～38	1.43
20～34	2800～4760	28～48	1.00
35～44	4900～6160	41～50	0.84
45～54	6300～7560	42～50	0.67
55～70	7700～9500	39～49	0.51

　　在确定采样单元后，就需要考虑采样位置和时间了。在位置上，避开受边际效应影响明显的油棕树，比如靠道路或沟渠的；避开受病虫害危害、倾斜的树；避开不开花或开花不能正常结实的树。采样时间上同样值得注意，因全年中，各个月份，因为降雨等因素，对分析结果有一定影响。如果是要求一年分析一次的话，推荐安排在每年相同的时间段进行该项工作，具体到某一次采样。一般推荐早上7点至下午1点间进行采样，此时，光线充足，便于操作。下雨时或雨后叶面潮湿时不推荐采样。

　　采取叶样时，一般由两人组成一个小组进行，配备手套等，携带干净透明的塑料袋，塑料袋约90厘米长、30厘米宽，以便存放叶样；铲刀或铲果镰刀；标签纸，提前注明采样点的地块编号、叶号、日期、采样人姓名等；剪刀，备用袋和标签。

　　除了树体非常矮小的幼年油棕，在采样后，被采样的叶片可能仍留在树上外，对于非常高大的成年树，一般都需要将整体叶片先砍下后，再剪取其上的小叶为叶样，这需要注意，不能让叶片被污染，尤其是叶片受伤后嵌入叶片内的小土粒等，对其后的分析结果有影响。同一个采样密度单位区域内的叶样，放入同一个袋子。采集好样本后，在袋中放入标签，再将袋子封好，在外面再贴一个标签。样本采集好后，应当迅速送往可靠的实验室进行化验。某些具有条件的种植园，可能已自行购置烘箱，应当迅速将叶样干燥，防止其内的生化反应使某些成分丧失。如没有烘箱，或者要对活体叶片进行分析时，应当迅速将叶样送入实验室进行处理。需要注意的是，如果样本表面被污染，不得已需要清洁时，不能冲洗，可采用脱脂棉浸入酒精或纯净水后，轻轻地进行擦拭，冲洗会使氯、钾等流失。

4

油棕种植园的规划及建设

在可行性研究阶段，一般会对项目地大致的土地概况、气候状况、劳动力、相关法律（劳动法、税收法律、投资优惠政策等）都有了细致的了解，并从商业角度进行可行性论证，可能已经在项目当地成立了法人实体，与当地有关方签署了初步协议，此时，可以着手开始商业种植园的规划工作。

一般而言，完成上述步骤时，种植园大致范围和大小都基本确认，此时采用"准备—规划—执行"三步走的策略，即开发前准备工作、制定整体规划、土地开发三大步骤。本章重点讨论种植园规划。

开发前准备工作主要是各方面信息收集，除了在可行性研究阶段收集的数据外，主要是针对项目地详细的边界确认、宜植地判断等，目的是方便下一阶段整体规划顺利进行。整体规划承接开发前准备工作，在适宜开发的区域，通过大量图上作业，做好整个种植园的土地规划，如地块划分、道路、桥梁和沟渠排布，苗区、生活区安排，计算工程量，做好阶段性预算，以确保开发种植时顺利进行。土地开发阶段，一般按照整体规划，从清芭备地开始，逐渐建立苗区、生活区，准备一切可定植的条件。这些过程中，"规划—执行"应当形成双向反馈，根据执行情况可以小幅修改规划内容，但应避免大的、原则性的改动。

4.1 开发前确认

开发前确认主要是对项目地进行地图、数据和信息类收集，所收集的信息越全、越细致越好。一般而言，地图是开发前确认最重要的材料，在绝大多数国家和地区，通过官方渠道获取项目地1：25000或者1：10000地图并不困难，但可能因为制图时效问题，项目所在土地实际情况已经发生改变。例如在印度尼西亚、西非等民间组织较强的地方，长老、酋长等可能安排村民在项目地内种植其它经济林木。上上策是，如果可以，应和当地政府、民间组织一起测量确认和建立界标，将一切潜在的土地纠纷、争议在规划之前予以充分地了解，能协商解决的，尽早解决。开发前与地籍相关的工作包括：

① 搜集项目区域相关地图包括但不限于：项目地细节定位图、地形图、土壤调查图、地质构造图，并在此基础上开始预规划。

② 项目用地粗测（推荐空中测量）：标明项目地大致位置、面积、现有道路情况和水文情况，标明任何交通方式（人力步行、摩托车、汽车、船艇）可以到达的地方，标明需要再次核实的地段。地图比例单位推荐 1∶12500 或者更高。

③ 项目地实地考察

a. 边界考察：外聘经由当地政府许可的持证测量人员，精确地测出用地位置并打桩确认边界。

b. 项目地内部详细考察：标注进出项目地块可行的道路，精确计算可使用的土地面积，标识出河流、湖泊、沼泽、小山、岩层等，标识出当地环保法律或棕榈油可持续发展圆桌会议（RSPO）要求保护的区域。如果存在山地，需要项目地内部等高线图。

除了地图外，需要了解的其他数据和信息有：

① 项目地周边的气象数据，年份尽量多，包括降雨、温度（最高、最低）、光照时数、风向等数据。

② 项目地周边水文数据（河流水位变化、宽度等），周边乡镇人口聚焦地人文数据（人口数、经济状况、受教育程度、民风民俗等），社会经济情况（加油站、电力供应、银行等）。

4.2 规划及指导原则

获取到项目地实测地图后，即可开始制定整体规划，这项工作以室内图上作业为主，简称内业。应当将内业结果与实际考察数据进行比对关联，如有疑惑，应当实地再行考察，考察结果再反馈到规划中来，避免后期开发过程中不必要的麻烦，此阶段与上一阶段形成互馈。

首先需要规划的是种植材料及种植密度规划，以便及时向油棕种业公司协商采购，并根据所选用的种子确定适当的株行距。其次是土地使用规划，根据种植材料的秉性，划分适合的种植地块尺寸，在此基础上，布置路沟桥。总的指导原则是与所选用的油棕种植品种本身的植物学特性相契合，并最终获取最大经济效益。在大规模商业种植情况下，不可能像实验田一样，不计成本地投入，因此，土地规划的实质是在一定的经济投入基础上，制定获得最大产出的最优方案。一般而言，种植材料、种植密度和地块尺寸是规划中非常重要的原则性规划，这三者本身具有关联性，而且与后期的田间管理便利性、劳作时的行走强度和地理水文特性等诸多因素相关联，因此，在规划时，需充分了解当地实际情况，与方方面面的人员进行充分的论证，一经确定，如重大特殊情况，不予更改。

4.2.1 种植品种、种植密度及株行距

因为目前的商业种子公司提供的都是已经解除休眠后催芽萌发的种子，这一过程需要时间，因此，事先及时规划好种植品种和数量，并通知种子公司准备交付，这与后期的种植开发环环相扣；另外，根据所采用的种植品种的特性，安排适当的株行距对于规划和开发也是十分重要的，因此，种植品种和密度规划是十分重要且有必要尽早确定的。

(1) 种植品种

品种方面，目前在东南亚地区、西非地区均有成熟的商业油棕种业公司（图 4-1），行内业经验丰富的专家对各个品种适宜何种环境均十分熟悉，最新育出的品种，种业公司均会提供试种数据。大规模商业种植中，在规划时，可以通过致函等方式，与各个种业公司取得正式的官方联系，针对其各个商业品种进行咨询，一般不推荐和中介进行沟通，这些中介一般会推荐利润最高的品种，而并一定是适宜的，而种业公司某些新推出的种子，可能因为产能不足，也无法满足，所以，与

图 4-1 非洲某制种公司制种株（加纳）

种业公司直接的沟通非常重要。

种植品种规划中，首先针对油棕品种，因不同品种的花期、抗性各异，为增加油棕种植园的生态稳定性，商业种植园有时不只是单纯地采用一个品种，在业界，存在使用两个品种套种的情况，这两个品种一般具有抗病虫害或者花期上的互补性。除油棕品种外，如果需要种植豆科覆盖作物（Leguminous Cover Crop，LCC），此时，也需要制定规划，并需要寻找 LCC 种子供应商。因此，由农艺经验十分丰富的专家，结合当地实际情况，确定所需要的种植油棕品种和其它种植物品种，是十分必要的。

（2）种植密度

一旦确定种植品种，就需要制定整个种植园统一的种植密度，即单位面积土地上所种植的油棕株数，通常使用"株每公顷"来表示，由此计算株行距并最终确定大田地块尺寸。

决定最佳种植密度的出发点很多，概括起来有以下几点：首先要考虑种植品种固有的特性，比如其生物学表现，主要是叶展特性，简单地说，叶展长的品种，株行距要大些，种植密度要低；反之，株行距小，种植密度高。另外，早熟品种为了追求初期的利润最大化，适宜密植。其次是外部环境因素，包括气候、土壤肥力、水文状况等因素，比如在干旱的地方，因为植株较小，此时，适当密植是可取的，但土壤肥力充足时，就不得不考虑降低种植密度，以保证每株油棕有充分的生长空间。油棕商业种植已经近百年历史，人们对于种植密度在长周期的表现，已经摸索出一些众所周知的规律，即种植过密或过疏均不利于整体效益。

种植过密的问题，首先会加大初期投入，更多的种苗需求和定植工作量，在未成熟前更多的除草、施肥投入。其次是对油棕的生物学表现产生不利影响，在油棕树封行后，会争夺阳光而出现一系列的不良表现，油棕间相互竞争阳光，茎杆向上伸长量高于一般情况，即油棕树高度增长过快。在印度尼西亚的经验表明，160 株/公顷的 25 年油棕林，其茎杆平均高度较 120 株/公顷的要高出近 1 米，这使得同样长度的收割工具，采收高密度的油棕树更加困难，进而导致提前复种，使得其经济寿命缩短。同样，其叶片也会"配合"这一"行为"，为获取更多阳光，叶展角度较正常状态变小，尽量向上伸展，使得果串生长空间受限，不利于果串膨大，也使得采收困难，容易在叶腋位置留下果粒。再者，是对油棕林下生态系统的影响，过密时，会提前封行，使得地面无法接收到阳光，因此，抑制了其它植物生长，也影响通风，对油棕授粉造成不利影响，一定程度上造成单性结实增多。最后，从长周期的角度考虑，种植过密时，油棕林的旺产期会缩短，提前进入产量衰减期，但人们发现，相应的，其果串出油率会提高，但提高的出油率不足以弥补产量损失。

种植过疏时，与种植过密相对应，其影响也是对应的，会导致早期成本的轻微下降和后期的除草成本增加，经济寿命长，果实空间足够，使得果串发育得更大，也更易收获。但其坏处也是很明显的，过疏时，会导致整体产量不高，初期会加大杂草防控成本。

回到植物的基本生长要素上考虑种植密度问题，因为植物所有产量的最终来源是光合作用。因此，从光照的角度出发，无论如何过密种植，其在单位面积的土地上，所有油棕叶片的正投影面积趋向单位土地面积时，接受的阳光总量不会增多，此时，增加种植密度，增加的叶面积对增产毫无意义；反过来，种植过疏，因单位面积内光合作用的叶面积有限，也会造成单位面积产量无法达到期望值。在考虑单一油棕种植园时，无论过密还是过疏，不当的种植密度都将直接导致经济效益降低。但如果是小规模种植（如小农户）时，如有林下间作的作物（一般阴生，对光照要求低，但不代表可以无光照）需要阳光，合理的疏植是可行的。

因此，合理的种植密度非常重要。通常成熟的商业种子公司会根据其对商业种子的试种结果，为客户推荐最佳种植密度，但该密度仅供参考，实际生产中还应根据种植地的水分、养分等条件适当调整。在肥沃、水分充足等有利条件下，因叶展充分，种植密度应适当降低；反之，在土地贫瘠、气候干燥等不利条件下，应适当增加种植密度。长期以来，在马来西亚和印度尼西亚的大规模商业种植园中，人们发现，在种植密度为120～160株/公顷时，种植园整体产量受影响不大。在实际开发中，人们在易倒伏的泥炭地上，一般采用密植方案，如160株/公顷甚至更高，这样，所有油棕树的根系会更早地连接在一起形成一个根层，使土层趋于稳定，也使得初期的产出更高；也有更低的，如114株/公顷，这种种植密度一般在梯田地带出现。在较高密度种植方案中，比如160株/公顷，为了平衡初期产出更高和后期衰减过快的矛盾，人们采用了调整种植密度的方法，有时，又称为"株距调整种植"或"变密度种植"，但并不是真的将油棕挖出来重新种植，而是在封行后一定年限（一般6～7年）进行"疏苗"，直接在大田中，以蜂窝状划分的7株中，将正中的那株去掉，即去掉1/7的植株，使种植密度变为137株/公顷左右。因为油棕树冠叶片的生长，不适应不规则的空间，以蜂窝状划分去除正中一株是目前较优的方案，除此之外，其它尝试都不太理想。一般来说，疏苗后6个月左右，下降的单位面积产量开始恢复。

综上，合理的种植密度，就是基于油棕种植品种、环境等因素综合考虑后，制定出的最符合经济效益的种植密度，或者说，是可带来最大预期现金流的种植密度。因此，单纯地为了初期节省费用而降低种植密度和为了追求初期产出最大化而加大种植密度都是不可取的。在印度尼西亚，广泛地认为120～160株/公顷的种植密度都是可接受的，但对某一密度对产量的影响试验需要 20 年的时间才能完成，人们通常采用折中方案，即 140 株/公顷作为标准。需要指出的是，在种植密度方案的选择中，针对的是成片的油棕林中的不同油棕个体，而这些个体虽然是出自同样类型的亲本，但其个体间是存在差异的，因此，种植密度可能只对大部分油棕适合；而在这一点上，组培苗的优势就很明显了，其遗传差异没杂交种那么大，仅有的差异发生在组培过程中的分化变异，但它们在后天表现型上（叶展、生长速度等）的一致性，使得统一安排的种植密度对各个个体影响更加一致。

种植密度是一个理论的数值，这与在以后种植园的管理中统计时所遇到的每公顷株数（Stands Per Hectare，SPH）是有所差别的，差别在于每公顷株数并不是一个由规划产生的理论数值，而是指在实际生产中，经清点、统计后，计算得来的每公顷平均存活株数，可以直观地理解为油棕林树木密度，如果没有出现缺株等异常现象，种植密度等于生长密度。因此，在实际生产中，在数值上，生长密度可能小于或等于种植密度，但不可能大于种植密度。

(3) 株行距

确定种植密度后，就可以计算株行距了。理论上，大田中的每个定植点到周边六个定植点通常是等距的，生产中通常称作按等边三角形排列，某棵特定的油棕树位于周边六棵油棕树的正中位置，按这种方式排列各定植点，可以为油棕树冠提供最为有利的空间，大田每棵树的树冠占据的空间均为一个正六边形。这种排列方式如图 4-2 所示。株距（d）与行距（d_r）满足：

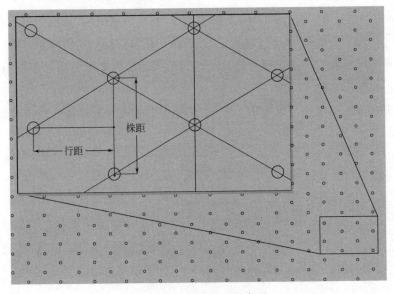

图 4-2　株行距平面示意图

$$d_r = \frac{\sqrt{3}}{2}d \approx 0.866d \qquad (4-1)$$

式中　d——株距，米；

　　　d_r——行距，米。

种植密度（n）与株距（d）和行距（d_r）满足：

$$d = 100\sqrt{\frac{2\sqrt{3}}{3n}} \approx \frac{107.46}{\sqrt{n}} \qquad (4-2)$$

$$d_r \approx \frac{93.06}{\sqrt{n}} \qquad (4-3)$$

式中　d——株距，米；

　　　d_r——行距，米；

　　　n——种植密度，株/公顷。

本书后附有种植密度 101～190 株/公顷时的株行距对照表，具体值可以对照查找。在印度尼西亚早期的种植中，有过 245 株/公顷的尝试，但目前，基本不采用如此极端的种植密度。附录一中的种植密度范围可涵盖目前油棕行业内的需求。

4.2.2　土地使用规划

土地使用规划是所有整体规划中的重中之重，土地是商业种植园中最重要的资产，也是最基本的生产资料，因此，其规划结果直接影响到经济效益，在满足油棕空间需求情况下，保证尽可能高的平均土地使用率，是保证经济回报的重要因素。

第一步要做的是在项目地内标出"可种植"区域，这一步骤将排除：

① 自然河流两岸不小于河流宽度的地带或当地法律要求需要保留的最低宽度，可有效保持两岸水土；

② 天然湿地、水塘及周边不小于 50 米的保护带或当地法律或政府要求的最小距离；

③ 坡度大于 15 度且连片面积大于 20 公顷的区域；

④ 土质不适宜种植的，如含大量碎石的土壤；

⑤ 与周边村民、社区尚存未解决争议的土地。

上述区域是不可以开发种植的，将其排除之外。剩余的区域亦还需要仔细甄别，比如可能存在季节性河流，在前期调查和规划时，无法被观察到，此时，不推荐将其列入可开发区域，尤其在低洼地带，这类季节性河流在雨季时，不可避免地会出现涝渍，并且，可能因为其被开发后，无法发挥原来在雨季时的作用，连带导致其它区域出现涝情，其具体的区域可以向当地民众打听或使用雨季时的卫星图像进行观察。

确定可种植区域后，就是针对"可种植"区域范围内，规划地块（Block），地块长度 1000 米左右，宽度推荐介于 200～330 米。在马来西亚和印度尼西亚的实际操作中，视土地海拔高程、土壤渗水程度不同，一般在排水较好的地块采用 1000 米×330 米的地块，在地势较低、暴雨后易积水的地块，可适当减少地块面积，采用 1000 米×200 米的地块。至此，也只是确定了大致的地块尺寸，具体的地块尺寸，需要根据株行距微调长度、宽度。微调的直接依据是株行距，根据株行距适当调整地块规划尺寸后，保证长边能被行距整除，短边能被株距整除，这样安排，不同地块之间油棕树在成年封行后，透过道路和沟渠，依然可以保持良好的通风状态。比如，采用 136 株/公顷的种植密度，通过查本书附录一可得株距是 9.21 米、行距是 7.98 米，实际操作中，可以采用 9.2 米和 8.0 米，因此，地块如果采用 1000 米×280 米，则可以调整为长 1000(125×8.0) 米、宽 276(30×9.2) 米。在规划良好、建设规范、标准的同一个种植园中，一般所有完整地块的长宽是统一的。另外，为便于后期管理，要求一定行数（r）的面积（s）一定，比如要求每 4 行或 6 行面积约为 1 公顷，此时，地块宽度（D）即为：

$$D = dns/r \tag{4-4}$$

式中　D——地块宽度，米；

　　　d——株距，米；

　　　n——种植密度，株/公顷；

　　　s——特定行数要求的面积，公顷；

　　　r——特定的行数。

将前文中株距的计算式代入后得：

$$D \approx \frac{107.46 s \sqrt{n}}{r} \tag{4-5}$$

式中　D——地块宽度，米；

　　　n——种植密度，株/公顷；

　　　s——特定行数要求的面积，公顷；

　　　r——特定的行数。

有时，为了降低田间劳作时的行走强度，可能会缩小宽度，尤其是在泥沼地带，因土质不便于行走，同时也为了增加各地块间的沟渠数量，会减少宽度。

在图上作业中，先用上面确定好的地块长宽进行网格划分，将项目地表面空间划成"一块块"的空间，这里面，每一"块"，即一个地块，一个地块面积通常 20～

33公顷。沿着地块的长边布置辅路（Collection Road，CR），辅路一侧布置辅沟，沿短边布置主路（Main Road，MR），沿主路一侧布置主沟，一旦某一个地块确定路、沟的位置关系，其余地块均要相同。主沟、辅沟构成种植园的水管理系统（Water Management System）的骨干，路沟交点处，视可能出现的排水流量，布置桥梁或涵洞。

对应的长宽网格分成的不同地块，需要进行编号，编号规则一般是将某一方向按 A—Z 升序编排（超过后从 AA—AZ 排列），其垂直方向从数字1顺序排列。一般为了方便使用，在横竖方向上对齐的地块一般会在字母或数字上连续，如图 4-3 所示，以此完成对所有地块（Block）的编号。

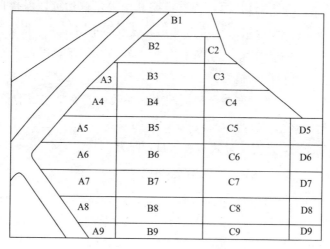

图 4-3　地块编号示例

此编号一经确定，在整个商业种植园存在周期中，为方便统计和管理，一般不予变更，后期的生产安排和资料统计均以其为唯一编号。在实际生产中，通常将若干个地块划成一个小区（Division），若干个小区划成一个大区（Estate），数个大区构成一个成规模的商业种植园。小区或大区的规模视管理需要，没有一定之规，通常小区在 200～800 公顷，而大区则多在 2000～6000 公顷。

这些网格划分的边界，就是种植园道路、桥梁和沟渠规划的大致框架，以此为基础计算出理论的路、沟长度及工作量，方便核算开发成本并制定预算。生活区的用地，在此基础上提前进行规划，一般是将生活区布置在某地块内，通常选在地块的某一端，如果到定植时，尚未动工建设，一定要避开这些规划区域。生活区的选址需要兼顾出入方便、地表承载力是否适合建房等事项。如果需要自建苗区，需要根据计划的育苗数量预留足够的面积，选取一个或数个地块作为苗区。通常为了平衡前期的投入，苗区紧邻第一个生活区。

针对 15 度以上需要建设梯田的坡地，在上述规划的基础上，视地形，将划分出来的直边（长、短边均是）根据等高线进行适当调整，调整时，需要兼顾到梯田和道路设置，尽量使道路少"穿越"等高线。

概括起来，用地规划的指导原则先是根据当地环境（土壤、降雨等）确定大致的地块尺寸，在此基础上，根据株行距确定具体的地块长和宽，以网格划分项目地表空间，在此基础上布置道路、桥梁和沟渠，视需求和后期运营中方便管理、出入的原则，安排苗区和各个小区、大区生活用地。地块过小会增加路沟的投入，降低土地使用率，但会使项目地内排水更加快捷，沟内蓄水、保水量会更多，减少涝渍风险；地块过大，会节约一部分路沟投入，相应地提高土地使用率，但因为地块过大，会给后期的管理和行走及进入田间劳作带来一定的不便，也会增加涝渍风险。

地块尺寸的长、短边如何布置，即地块的排列方向也是值得探讨的。一般是地块长边采取东西走向，也有采用南北走向的，特殊情况下，不采用这些安排的特殊情况也存在，没有一定之规。由于目前油棕的宜植区域都在低纬度地区，东西走向和南北走向最大的不同之处就在油棕封行后，辅路（长边）和主路（短边）接受日照时数的区别。很显然，东西走向的道路可全天接受日照，而南北走向，在油棕树成年封行后，仅在正午前后可接收到阳光。在没有特殊情况下，将辅路安排在东西方向，可以降低道路维修和养护成本，因为一个种植园中，辅路长度远大于主路长度，将辅路优先置于借助阳光而保持路面干燥可通行状态，而将资源投入到维护主路是最佳选择。以上考虑到主路、辅路接受日照的区别，仅从道路方面进行了考量，在综合考虑水管理系统时，要在此基础上进行变通，尤其是在降雨较多的泥沼地带，为方便主沟向外部水系快速排水，比如，东西走向可连接外部水系时，可将主路和主沟安排在东西方向，但并不是定例，甚至为兼顾排水，采用非"东西"或"南北"排列，而是斜向布置。

土地使用规划是整个种植园规划的开始，对后期种植园开发至关重要，在这一阶段规划结束时，需要制定出详尽的土地使用规划图。地图中，需要标明的要素众多，需要将保留的河流、湿地、不宜开发的位置标出，在可开发种植的区域，将规划设计的地块、道路、沟渠、生活区、苗区、桥梁等标明，给出图标示例和比例尺，推荐 1：25000 左右，注明北方向和项目地块大致的位置。

4.2.3 道路/排水系统

在土地使用规划中，已经提及了路沟规划，因为地块的划分，就是以路沟作为分割界限的，将地块短边一侧布置的道路称作主路（Main Road），沿长边布置的称作辅路（Collection Road）。在地图上很容易发现，按图4-3中地块的编号命名方式，主路将整个地面空间分割成诸如A、B、C、D等条状地块，而辅路则将地面空间分割成1、2、3、4等条状地块，因此，主路通常使用诸如"AB主路"来命名，而辅路则采用"1号路""2号路"之类的命名。但这些并不是种植园路沟系统的全部，在此基础上，考虑常用的进出项目地的道路，建议修建一条出入道（Access Road），连接种植园至最近的外部交通道路，这条出入道尽可能与主路重合。另外，在地块内，还有与主路平行、与辅路垂直且直接相连的田间道（Harvest Lane），是种植园道路系统的最后几百米，是日后所有田间劳动（施肥、铲果等）的通道，非常重要。为了使进入田间的行走距离缩短，往往在收获之前需要架设步行桥（Foot Bridge），步行桥横跨辅沟，连接辅路和与之相隔辅沟的地块的田间道，这样，从两侧辅路均可进入田间，行走距离减半，从而增加劳动效率。在规划中，仅需针对主路、辅路和出入道进行规划，暂不考虑田间道，因为这多是在实际运营时，算入田间养护的范畴，但步行桥是需要考虑的，因为其造价涉及资金需求。

道路规划时，路肩距最近定植点至少需有3米，距离沟渠至少1.5米，可能在实际道路建设时，并没有种植或者开挖沟渠，因此，此点在规划时需要明确，无论是孰先孰后，都需要遵守。在印度尼西亚，主路一般设置为6～10米宽，辅路宽4～7米，出入道推荐15米，具体宽度视当地土地的自然承载力决定，一般而言，承载力越低，路面越宽。道路布置一般按确定的地块的长宽网格来布置，道路坡度不推荐超过15度，遇到15度以上的坡地，道路可以相应地向等高线外侧偏移。初期的道路尽量从种植园内部取材，将之压平、压实，做好排水即可，随着种植园的成熟，运输量越来越大时，需要考虑道路铺装问题，红土、砾岩和碎石都是常见的铺装材料，这个问题通常在成熟收果后开始考虑，一则是届时会根据实际情况调整，二是可以平衡预算，将相应的开支延后以减少项目资金压力，因此，规划时，可以不考虑道路铺装问题。

排水系统对于低洼地带十分重要，沿主路方向布置主沟（Main Drain），沿辅路方向布置辅沟（Collection Drain），命名方式与道路类似，"AB主沟"来命名主沟，"2号沟"来命名辅沟。除此之外，一般还需要布置田间沟（Field Drain），田间沟与主沟平行，与辅沟垂直且直接连通，分布于地块内，这项规划可以先行暂缓，在定植后根据实际情况做出调整。一般而言，每1公顷左右设置一条田间沟，比如30株一排，种植密度为142株/公顷时，则大概是4行布置一条田间沟，但并不绝对，根据当地水文情况，可以适当增减，即地下水位高，甚至高出地面的，适当增加田间沟，反之，可适当减少，但无论如何增减，为方便田间道的布置，通常按 2、4、8、16 等双数排树来布置田间沟。上述三类沟渠，加上可能存在的水闸、水坝或水塘等构成全部的种植园水管理系统（Water Managerment System，WMS），这套系统不光是为了应对暴雨后排水，也要应对旱季时蓄水保水功能。值得一提的是，在项目地中，如有天然水道连接至大江/河，在其两岸至少保留与河面等宽的地带不予开发，并将主沟与之相连，使排水更加通畅，必要情况下可进行河道拓宽/疏浚。如项目地内无天然水道，此时，可以安排主排水沟，所有主沟与主排水沟相连，并将主排水沟与最近的天然水道通过人工水道相连，即开挖连接水道，根据该水道是否有行船需要，来决定宽度、深浅等参数，修建此类水道往往需要同当地政府、周边村民协调。如果要使用水路运输，码头是必需的，初期简易码头是可行的，在规划中，可以体现出来。

最终，水管理系统的布置最好与外部的江/河连接起来，无论是天然水道，还是开挖人工水道，一切以顺利排水为目的。同时，在水管理系统的关键节点处，为了兼顾旱季时保水功能，可设置水闸，将种植园内地下水位保持在一个最佳值，以达到增产的目的。在印度尼西亚的种植园开发中，典型的主、辅、田间沟的尺寸见表 4-1。

表 4-1 各类沟渠尺寸

沟类型	沟面宽/米	沟底宽/米	深度/米
主沟	3.0～5.0	1.0	2.0～2.5
辅沟	2.0～2.5	0.5	1.25～1.75
田间沟	0.8～1.0	0.3	0.5～1.0

沟面宽和底宽可视项目地内土质情况予以适当调整，当土壤支撑能力强时，可适当加大底宽，一般而言，底宽至多不超过面宽一半；高度一般不超过面宽的四分之三。在地势平坦地区，为使排水通畅，需要考虑水位坡度差，即排水沟末端处的深度要比起始处更深一些，通常是比 1 公里外的地方深 30 厘米即可。除排水保水功能外，有些沟渠可能兼顾其它功能，比如边界沟，可有效地隔离外部空间和项目地，这对于大型动物是个很好的隔离带，这避免了某些动物误入造成损失或者员工对其造成伤害，一般是推荐开挖边界沟的。规划中，针对主沟、辅沟、边界沟、人工水道、水闸、码头等，不包括田间沟。

道路/排水系统一般在实际修建时不可能一步到位，在随着清芭工作一起推进，挖掘沟渠时的土方通常用来垫高路面防止积水，增加道路承载力，因此，路、沟交叉点不可避免地涉及造桥，对此，在清芭阶段，综合考虑当地实际情况，不建议直接造桥，可以不开挖，留路不留沟，以便后期工作进行；但如果地势相当低洼，使用沟渠土方填垫后依然无法满足通车要求，此时，应当留沟不留路以方便使用小船进出。在种植园未成熟之前，也可以使用清芭砍伐的圆木制成简易桥梁，这些桥梁往往可以使用好几年，直到种植园成熟。成熟之后的桥梁建设，可以考虑涵管、涵箱或水泥桥等，在规划中，可以按不同时间阶段制定不一样的方案。

道路、桥梁和沟渠的规划直接目的是便于运输和水分管理，这也是此项规划的指导原则。就运输而言，条件允许的状态下，优先考虑道路运输。就水分管理而言，一是要保证排水，尤其是应对突降的暴雨；二是要考虑保水，旱季时，田间所有沟渠中必须保有一定量的存水，为油棕提供生长所需的水分之余，亦为应对可能出现的火情。正因为既要考虑排水，又要考虑保水，因此，目前一般不将种植园的沟渠系统称为"排水系统"，而称为"水管理系统"。如果道路情况无法满足车辆使用时，需要考虑水运，这类情况出现在沼泽地带和泥炭地带，这些地方地下水位高，道路经常出现涝渍，容易陷车不可通行，此时，在种植园开发时，可考虑使用水运。这种情况往往在棕榈树成林后会得到改善，一是因为棕榈树的蒸腾作用带走大量的水，二是棕榈树的根系在地下伸展会形成一张"网"，有效支撑整个地面，此时，种植园的运输可能会由水运转为陆运。因此，在规划中，应当充分考虑到这些因素，分步骤、分阶段地规划好临时性桥梁和永久性桥梁、码头等设施。

路沟的位置关系除了上文介绍的"路沟相邻"，即主路一侧布置主沟，辅路一侧布置辅沟；近年来，还出现了路沟分离的规划，在这种规划中，即主沟依然挨着主路，但辅沟位于地块正中央（图4-4）。这两种安排各有利弊，"路沟相邻"方案可以使用挖掘沟渠的土方垫高路面，但在使用过程中，要防止路基坍塌，一般在非常低洼的地带这样操作，在日后进入田间，如果想从两侧进入，则需要投入物资和人力搭建步行桥，安放在没有辅路一侧的辅沟上，连通相邻地块的辅路。"路沟分

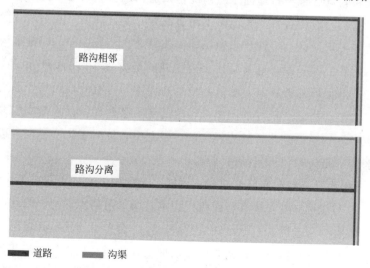

图4-4　路沟两种位置关系示意图

离"方案，辅路与辅沟距离较远，无法使用挖沟的土方铺垫路面，适用于地势不是特别低洼的地带，在日后的运营中，基本上免除了不断修理辅路路基的麻烦，无论是使用陆运还是水运，不再需要步行桥的投入。近年来，路沟分离方案使用越来越多，一是因为不特别需要挖沟的土方垫高路面时，这种方案可以节省步行桥的投入，如果地势低洼，修路特别需要挖掘沟渠的土方加高路面时，不如直接使用水运，但主路跨越辅沟的桥梁高度需要注意。

4.2.4 苗区规划

如果不从外部采购种苗，而是自行采购萌芽的种子育苗，苗区是整个种植园定植种苗的直接来源。但从外部直接采购种苗时，可能仍然需要苗区，以便种苗接收、验收、整理、中转之用。比较自建苗区培养种苗和外采种苗，很容易发现，自建苗区更加有利，育苗的土壤取自种植园内，运进来的只是刚萌芽的商品种子和育苗袋，运费低廉；而外采种苗，运进来的种苗和随之而来的苗袋，体积、重量巨大，这对于刚开垦的种植园而言，其道路是否能够承受如此负荷不说，但就成本、种苗质量控制而言，都是不小的麻烦。因此，大规模商业种植均会自建苗区，综合考虑运输、种苗质量可控等因素，自建苗区是经济合算的，尤其是在油棕配套产业不发达的地区，无法采购到商品种苗，自建苗区是必选项。从管理上而言，目前的商业种植园管理中，将苗区与前文中说的小区（Division）置于同一级别进行管理。

在种苗被定植至大田前，种苗在苗区至少需要 1 年的时间来炼苗和筛选。为减少初期投入，如前文提及，将苗区和最开始的生活区布置在一起，如此一来，可以共用一些基础设施。一般苗区兼顾的几个原则是：a. 出入方便，因为需要运输育苗材料和设施；b. 水源方便，育苗需要干净的水源，且对水量有一定要求；c. 地形和土质，一般来说，选择一个缓坡地形不易积水，且土质优良，易于取土供育苗使用的为佳。

苗区大小的确定直接同一次性育苗的株数相关，一般而言，按 1 公顷 1 万株幼苗来安排即可。而一次性育苗的株数需要考虑诸多因素，如需要的总苗数、定植年数（几年内定植完毕）、周边劳动力供应、开发资金的供应等。在这其中，劳动力是最不确定的因素，如需要育 40 万株苗，种子出芽后的 1～2 个月内在小苗袋中成长，此时，需要的面积较小，投入的劳动力也较少，1 米×10 米的苗床内排放 1000 育苗袋，后期转到大袋时，按 1 米的株距呈等边三角形（如大田定植一样）排列大苗袋，这其中，灌袋和搬运则需要大量人力，这些是要考虑到的。

综合考虑需求种苗数、阶段性需求数量、周边劳力供应后，可以开始苗区最重要的规划，即苗区物资规划。这些物资包括：

① 种子。最迟在苗区开始前 2 个月左右，需要和相应的种子供应商签订商业种子供应合同，约定好交货批次和时间，以及调整交付时间等突发事宜时双方的协调机制。目前，在东南亚和西非均有商业种子公司提供已经催芽的裸根种子，通常会比合同约定数量多提供 3%～5% 以避免运输过程中断根损失；而实际的整体种子采购数量一般比实际所需种苗数应多出 30% 甚至更高以供苗期淘汰和定植后一段时间补苗使用，需与供应商谈妥付款和赔偿事宜。

② 育苗袋。参考后面育苗章节相关介绍，足量采购即可，列入所需物资清单并做好资金预算。

③ 灌溉设备。目前的技术可以采用圆形喷头、软管喷淋或滴灌，不推荐第一种，因为会导致喷水不均，后两种方案中，视水源供应和成本酌情采用。目前，在西非等水源匮乏区域，有采用滴灌技术的案例，可有效减少水分因蒸发而造成的浪费，如果在苗期施用水溶肥，滴灌是最优选择。无论最终选用哪种灌溉技术，灌溉所需之全部物资应列出详细清单，制定好灌溉设备和管线的布置图纸，最终列入资金预算。

④ 肥料。根据所需用量，制订采购计划，列入所需物资清单，并按到货批次做好资金预算。

⑤ 运输工具。小型拖拉机是普遍选择。同样，视项目地实际情况可以考虑其它运输工具，如泥炭地可考虑履带车，土地承载力强的坡地可考虑小型三轮摩托车或小型四轮车；另外，就是人力手推车，可以短距离运送物资。

⑥ 动力供应。当地如果有电力供应是最好的，如果没有，需要考虑自备发电机以及采用燃油动力水泵。

⑦ 其它。如搭建遮阳棚所需的遮阳网和支架等，参照项目地实际情况制定预算，如若可能，支架尽量就地取材，使用直径 5～10 厘米的小圆木即可。此外，其它一些经常使用的农具，如锄头、铲子、喷雾器、砍刀等；工人使用的劳保用具，如手套、口罩等。

苗区的终极目的在于培育出足够数量且质量优秀的种苗供大田定植之用，有关苗区的所有规划均以此为指导原则。在此过程中，需要经验异常丰富的农艺人员参与，以免后期物资不足或者造成浪费。在某些工业不发达国家和地区，如西非部分国家，所需物资如果全部依赖进口，充裕的物资准备可能比不足更加合适。另外，只要当地法律允许，能就地取材的尽量就地取材。

4.2.5 办公生活区

办公生活区主要是供种植园所有人员办公和生活之用。尤其是远离城镇的项目地，无论是自己招聘而来的工人还是承包商的工人，给予必要的生活保障，可以避免这些人员每天出入项目地，在通勤上消耗太多时间，影响工作效率，因此，根据相应的人力规模建设一定规模的住房是必要的。与生产活动配套的仓库、人员办公设施一并规划在一起，以方便管理。此项规划需要土木工程相关的专业人员参与进来一并进行，需要出具详细设计图纸和预算，根据项目建设的推进情况，在后续种植园实际建设过程中可能面临调整。

前文提及第一个办公生活区的选址往往和苗区在一起，因为苗区选址的原则，这个办公生活区往往在最后成为种植园的中心办公生活区。在印度尼西亚的许多商业种植园，一般一个小区（Division）还设置一个办公生活区，以安置对应小区的工人住宿和就近上班。

生活区规划的重点是宿舍，总的指导原则是合理够用，既满足劳方的生活所必需，又要避免资方不必要的投入。为工人及家属提供必要的、基础的生活设施可极大地保证人力供应的稳定性和长期性，吸收当地劳工就业，增加知名度和提高种植园声誉，在部分国家，这也是当地劳动法和人权法案所要求的。因此，在充分研究当地法律及考虑实际情况的基础上，制定合理的宿舍建设方案，如在马来西亚，法律要求宿舍必须有三间卧室——一间供夫妻双方使用，另两间分别提供给家庭的男孩和女孩使用，因此，了解并尊重当地法律和习俗，建设必要的生活设施，既要避免不必要的浪费，又要满足需求。

4.2.6 预算案

上述规划将综合农艺技术、农业工程安排，测算相关工作量和物资需求，在财务等人员的辅助下，测算种植园所需全部投入，并按规划的进度，分拆年度或季度、月度开发预算案，预算案的最终指向为资金需求。最终，完成规划时，具体的项目需要完成以下材料，以便指导整个开发过程：

① 财务预算（开发预算总表）。

② 开发进度表，按月度分解，并给出大致的资金需求。

③ 对应开发进度表，制订物资需求计划分解表（注明数量、时间）。

④ 种植园整体平面图（标明地块编号，小、大区布置，道路、桥梁、沟渠系统，苗区及各生活区位置），并拆分出下列专项地图：

　　a. 地块排布图（标明地块编号和大小）；

　　b. 道路系统图（含临时、永久桥梁布置）；

　　c. 水管理系统图（含可能的水闸、水坝、水塘、码头等布置）。

　　⑤ 苗区规划图（标明位置、大小，取水点，灌溉设施排布）。

　　⑥ 生活区规划平面图（标明位置，建筑位置、大小），生活区各建筑物设计图纸。

　　整个种植园的开发过程中各个阶段不是独立的，可以是连续的，比如，刚开始清芭一小部分，就着手建立苗区、生活区，最开始清芭的土地开始定植时，苗区可能还在进行下一批幼苗的培育工作，其它地方还有土地在清芭修路。而所有的安排，都是根据项目财务状况进行的，因此，一开始就根据项目财务能力，合理地做好预算以安排开发、生产活动，使得后期开发过程有条不紊地进行，尽早产生经济效益，切忌因预算考虑不周导致资金需求无法跟上，也没必要将开发进程拖得太长，导致最终成熟不集中，致使后期管理麻烦。

4.3　开发建设

　　根据规划，种植园就可以逐步开发了，这一阶段与后面的成熟前甚至是成熟期可能并存，比如考虑到资金压力，整个种植园开发进程会被安排在一个相对长的时期内，那么，最终种植园内会出现毛地（未清芭土地）、成熟前地块（甚至刚定植的地块）、成熟地块并存的情况。从便于运营管理处着眼，尽量以地块为最小单位进行某一阶段的工作安排，考虑到当地社会发展程度越高，所伴随的土地获取难度加大等问题，一般不建议将土地的开发进程安排得过长；但基础设施建设进程却是可以往成熟期安排的，尤其是道路、房屋等建设，从开始的开发，到逐步成熟进入收获期时，建议道路随着道路使用频率、运输量的增加而逐渐开展，而房屋则伴随着住房需求的增加而推进，这样可以极大地降低项目初期的资金压力，因此，道路等基建工作可能从一开始的开发，到后期的运营一直存在，为了便于这些基础设施建设、保养维护工作的开展，可以设立专门的一个团队负责此项工作。

　　针对同一地块而言，定植前开发，包括清芭（即将地表原有的植被清理至可以种植油棕的水平）和备地（多是整理土地，使得能够顺利定植，不会存在清芭下来的树木等挡住定植点，一般会进行堆垛，即将清芭下来的树枝等堆放至指定位置）。备地时，也可能需要种植覆盖作物，覆盖作物的主要作用是控制杂草生长和固氮，如果清芭后可立即定植油棕种苗，此操作为可选项，但如果清芭后暂无种植计划，那么种植覆盖作物，后期定植时，简单地清理地表覆盖作物即可，无须再次清芭。当一定量的地块在定植前的清芭、备地工作综合起来，就是种植园开发的主体内容，称为农田工程，也是关键内容。但完成了这些，并不代表种植园开发完成，为保障后期的运营，配套的基础设施建设也是必不可少的，包括道路、桥梁和沟渠等农田水利工程，这是针对后期的运输、排水保墒作出必要措施。同时针对目前的商业种植园而言，为了节省成本，一般会自建苗区，为配合苗区工作的顺利展开，开发种植园时，可能会有一些特殊安排，苗区土地清芭和相应设施建设在本章一并介绍，但苗区的开发及管理在第 5 章专门介绍。

4.3.1 清芭、备地

清芭（Land Cleaning，LC）是指对种植区域土地表面进行清理，因此又叫清表。油棕种植的清芭工作与种植橡胶的类似，清芭方法很多，总的原则是将地表植物清理至可以定植油棕的水平即可。值得注意的是，早年间，许多地方允许烧芭，但近年来，越来越多的国家和地区因为环境保护等原因，开始出台更为严格的法律规定，在当前几乎所有油棕宜植国家或地区，都已禁止烧芭。

理论上，将地表及地下所有植被都清除，并将这些植被焚烧或者粉碎后还"田"，这样可以使土地迅速"熟化"，利用机械作业，避免一些潜在的植物性病害。但这样做的短板也异常明显：一是可能成本昂贵，比如完成粉碎；二是生态效应负作用过大，比如焚烧会导致空气质量恶化，还会扩散；三是将地表清理得干干净净，会容易导致表土流失（坡地）、板结（平地）。

在现在大规模的商业种植园开发中，机械越来越多地被用于清芭工程，尤其是在低矮的丛林或次生林进行开发的话，运用机械是不错的选择。在马来西亚、印度尼西亚均有成熟的清芭承包商或者清芭机械出租公司可供选择，这些承包商经验较为丰富，会按照业主提供的图纸施工；而清芭机械出租公司，机器种类齐全，并可以提供司机及维修服务。也可以自行购置机械并招募操作人手，自行清芭。目前使用较多的机械是挖掘机，早些年推土机使用较多，但近年来，鲜见使用推土机清芭了。除此之外，如果是低矮、平坦的草甸层，比如某些原住民焚烧过的地带，在旱季的时候，仅有一些季节性的杂草，此时，可使用拖拉机挂载割草机进行清理，效果不错，但有较大的树桩或石头时，就不行了。无论寻找承包商还是自行清芭，在开始前，需要制订合适的日程计划，尤其是在地势低矮的地区，可能只适合在旱季作业，因此，严格的日程计划将有助于推动清芭效率，在执行过程中，需要全时段组织人手做好工程量核实和工作质量跟踪。另外，所使用的机械的履带或者轮具尽可能地宽大，避免将土地压实，影响后期油棕生长。在低矮丛林地带使用机械清芭时，一般按如下步骤执行。

首先根据土地规划地图，使用 GPS 放样，将边界和主路清理出来。这种清理很简单，使用小型履带推土机或挖掘机推进，形成条带即可。在推进过程中有机械无法推倒的树木，可使用链锯，人工予以砍伐，砍伐后，留在地面的残桩高度，最高不得超过树径的 2 倍。当然，这一步骤，也可以使用人工进行，一般 6～8 个人组成一个小组，使用链锯、砍刀等，初步清理一个条带出来。

标识边界和主路的条带清理完毕后，项目地会被主路分割成约 1 公里宽的条带，分割出的这些条带，可以将整体清芭工作分为若干部分，如果是采用承包商进行清芭的话，就可以发包给不同的承包商了。在与承包商的合同中，必须明确工作进展、工作标准，对不应清理的部分，特别是所有国家或地区法律规定不可以种植的部分，如河岸附近保护地等，都需要有明确的界定。在这些条带内一般是使用挖掘机开始大规模清芭，此次清芭对象是胸径 15 厘米左右及以下的所有植物，包括杂草、灌木等，将其处理至 15 厘米左右的高度。之后，开始清理胸径 15 厘米以上的树木，此项工作一般是由人工使用链锯作业，要注意对工人的安全培训，防止工伤事故发生，所留树桩尽可能矮，高度一般不得超过树体胸径大小。某些国家和地区的法律，不允许商业种植园业主使用清芭砍伐的大树，需要特别留意。在某些地方，为避免树根带来的不良影响，可能需要清理树桩，比如使用机械拔除整个树桩。

上面是不需要开垦梯田的田地清芭工程，往往是针对平地或者缓坡地带的，如果所清芭的土地需要开垦梯田，一般由大马力推土机进行，也可以使用挖掘机进行，沿等高线，推出梯田带面，带面宽度尽量不低于 4 米，上下带面中心的水平距离尽量靠近平地种植时的株距。早期的带面采用水平的较多，现在为了保水和防止后期收获时果串滚落造成损失，多采用内倾的带面设计。无论采用哪种带面，在开垦完毕后，需要立即种植地带覆盖作物，为了增加带壁的稳定性，推荐种植一些根系发达的豆类作物，如葛根、毛蔓豆等。

除了地形上针对坡地在清芭时需要注意外，在土壤类型上，清芭时，对泥沼地可能需要更多的技巧。一是清芭的时机，这些土地一般伴随着雨季、旱季时间的不同，机械进入其中的作业难度和方便程度是不一样的，因此，选择旱季进行作业，可提高工作效率和安全性。二是土地处理，泥沼地最大的问题是土地松软，对地表植被的支撑力不强，尤其是油棕这种成年后树冠较大且重、树干直立支撑的树型，其结果可想而知，成年后倒伏必定很多，为克服这一缺陷，一般使用挖掘机履带多次行走，压实土层。除此之外，还需要配合其它措施，比如加大田间沟密度、种植深度加大等，不在此过多介绍。

　　开发为油棕种植园的地带多在低纬度地区，当前，这些地区的国家或地区法律或法规，仅允许使用无经济价值的热带低矮灌木林、次生林、伐木地或者已经开发为其它作物种植园的土地（如橡胶、可可等）来开发油棕商业种植园。值得注意的是，随着越来越严苛的环保法案，直接将原始热带雨林用作商业开发的可能性越来越低，加之原始热带雨林中大型林木众多，清芭成本高昂，不推荐寻找此类土地进行商业开发，一般推荐在经济价值低下的低矮灌木林和次生林地带开发商业种植园，一是成本低廉，二是带来的环保压力不会很突出。但无论在何种土地上开发商业种植园，其实质都是针对其地表原始植被系统的一次替代——使油棕成为地表植被中的优势物种，即可认为油棕种植园建立成功。因此，尽可能少地破坏原地表环境而完成植被替代无疑是最优途径。

　　清芭完成后，通常还需要备地。备地的目的是方便后期定植，一般需要进行的是堆垛（Stacking）。根据之前的规划，定植点排列的直线上，每隔一段距离（比如 20 米）插标杆，标示出种植行的位置，以便将清理的地表植被在每 4 行树中间地方进行堆垛，该堆垛又称"堆垄"，如垛体过高，可立即使用挖掘机"压垛"，也可以后期安排此项工作。如果所开发地带 15 厘米以上的树木不多，清芭和堆垛可同时进行，即当地将清理的地表植物放置在指定位置，如同时进行，在清芭之前就需要将定植点"排"线标示出来以方便堆垛。也有不进行堆垛的，这种情况多出现在清芭后被清理下来的地表材料不多时，对后期的定植没有太大影响时，出于对成本的考虑，可不进行这一项工作。

　　堆垛要求在清芭后杂草未再次生长前进行，进行完毕后，随即种植豆科覆盖作物（Leguminous Cover Crop，LCC），此类作物不仅可以控制在油棕定植前杂草生长，而且通过根瘤菌拌种，使其根部被根瘤菌寄生，从而获得固氮能力，增长土壤肥力，因此在许多商业种植中被推荐种植。如果清芭堆垛完成后，已经有幼苗可以下地定植，此时，未种植豆科覆盖作物的情况下，也是可以直接定植的；如果已经有可以定植的种苗，又有种植 LCC 的需要，则可以同时进行。

　　除堆垛外，可能需要布置田间沟，其功能是排水，字义上理解，应该归为田间水利工程，但田间沟的布置，更多的是随着堆垛一块进行，尤其是在地势较低的情况下。采用的标准，多是与堆垛相隔 2 排种植行，布置一条田间沟，即每 4 排种植行，布置一条田间沟。除此之外，也有采用其它密度布置田间沟的，但无论如何布置，备地整理土地时一并完成，是比较省时省事的方案。

　　简单来说，清芭、备地完成，基本就完成了农田工程部分，这两项工作完成后，可以直接定植种苗，也可以先种植豆科覆盖作物以控制杂草生长，也可以种苗和种 LCC 同时进行，但无论种什么之前，若杂草已经"可观"的话，建议喷洒触杀型除草剂。

4.3.2 道路系统

道路是种植园物流较为普遍的运输方案，是种植园基础设施建设中的重要部分，整个种植园商业周期内，可顺利地到达油棕树头位置是十分重要的，这是施肥、除草、喷洒农药、收获等农业生产活动必须保证的最低条件。后面章节虽然介绍了诸如轨道甚至是水运等多种运输方式，但道路是目前普遍采用的，因此，如果种植园所在位置排水良好、土壤承载力可行，优先布置道路，可大大方便人员、物资、设备的进出，将有助于后期工作的进行。到达油棕树头位置，从树头位置出发，第一级道路是步道，包含田间道和方便跨越沟渠的步行桥（Footbridge），一般在定植后，未成熟前，进行田间道的布置，第二级道路是辅路，第三级道路是主路，这三级道路组成了种植园的道路系统。这其中，有在一开始开发时，就需要建设的部分，其余部分需要在后期的运营中逐步建设完善。

步道主要是田间道，在采用"路沟相邻"的排布方案时，还包含步行桥。步道是种植园中接近油棕树头位置的"最后数百米"，在这数百米上，目前的实际生产，还多是人工配合简单的机械，如独轮车，来运送物资，这一段距离，是种植园管理中最为繁琐和困难的部分。良好的步道是种植园道路系统的最底层框架，是种植园内物资流动、人员往来的"毛细血管"。田间道与辅路垂直，在两排棕榈树正中间，在种植园开发堆垛时，尽可能地将该位置清理干净，并使其平整。成熟前田间道如何维护在前文已部分讨论过，基本上维持在 1 米宽左右，没有大型杂草，没有大的突起或者凹坑即可，铲下的叶片或者花均不要放置在这个位置，保证顺利通行。在采用"路沟相邻"的排布方案中，辅沟是伴随着辅路的，因此，任一地块内的田间道只能直接连上一条辅道，进入这块田地也只能从这一辅道进入，如果地块的宽度是 300 米，即此时进入田间，一个来回需要 600 米，如果在另一侧安放与另一地块辅路相连的便桥，将有效减少往返的行走距离，尤其是负重时，效果更加明显，安放的这个便桥通常仅为人员和简单的独轮车通过提供便利，因此，又称为步行桥。在采用"路沟分离"的方案时，步行桥是可以省略的。

在规划中，已经提及通常每 4 排树正中安排一条堆垄，在这 4 排树中，与堆垄相隔一排树的位置就是田间道，在进入收获期前，需要根据平时养护时收集的信息，对这些田间道进行大致的维护，比如平整表面，清理覆盖其上的杂草、覆盖作物等，保证宽度 1 米左右，行走无碍即可。步行桥通常是使用钢筋混凝土浇筑成横截面呈"T"字形的水泥板，长度一般是辅沟上口宽度加1米，以保证两端各有50厘米的长度架设在地面上。在实际生产中，也有使用简单的木结构先临时搭建的，其优点是成本低廉，架设方便、快速，但使用年限不及水泥浇筑件。

目前，在马来西亚，田间道上使用的轻型拖拉机和履带车已经出现，但因经济效益，并未大规模使用；在印度尼西亚和西非，则仍然是大量使用人力，可以预见的是，在未来这些地区人力成本升高时，在田间道上会出现越来越多的机械化运输工具。对于这些运输工具而言，如果需要使用步行桥来提高效率时，桥体可能需要加固或者加宽，此时，"路沟分离"的好处就显现出来了。

辅路与主路是同一性质的道路，只是其宽度有所差异，同一等级的道路在园区内一般统一规格。在清芭时，按规划的地块尺寸的长边长度（通常是1公里）将可种植区域内划分成条带，各条带之间的位置，其实就是主路位置。这些条带划分完毕时，即已相当清出了"主路"的雏形，这方便了清芭机械进入项目地施工，此时可以着手开始主路和主沟建设。此时，需要建设连接种植园与外部道路的出入路，为了节约成本，在种植园范围内，出入道与主路尽量重合。辅路与主路垂直，在清芭前，应标出其位置，可以在清芭的同时将之清理出来，如果是清芭结束后单独建设辅路，应提前使用醒目的标识将其位置标识出来，以便在清芭时防止将大型障碍物摆放在辅路位置。

具体到道路修建时，首先需要根据规划，使用GPS将道路位置明确地标示出来。接下来就可以使用机械开始修路了，针对地势较高的矿质土平地，清理完路面的植被后，可以从道路两侧，取部分材料将路面盖住，也可以直接开挖路边的排水沟，将挖掘出的土方垫高路面。为了保证路面不积水，道路中心线位置要高于两侧，形成弧度，之后，多次压实。这种路面，往往经不住大量雨水的冲刷，因此，可使用砾石等材料进行路面铺装。针对泥炭地或者低洼易淹水的地带，修路会比较麻烦，投入相对较高，垫高路面是必选项，通常在道路一侧开挖沟渠，并将挖出的所有土方铺在道路位置，等待所挖出土方干燥后再行平整路面，为防在雨季路面再次变得泥泞不堪，路面必须进行铺装。如果规划时，决定使用"路沟分离"方案的，修建辅路时，从道路两侧表面取土垫高路面，但需要注意控制取土的深度。针对需要修建梯田的地形，需要控制道路坡度，尽可能小，方便后期车辆行驶，一般推荐不超过15度；同时，考虑到行驶的安全性，转弯弧度不要过小，避免出现"之"字形道路，实在避免不了，在转弯处开辟出足够的回转空间；另外，如果这些道路上的路面宽度不足以两辆车辆行驶时，应当每隔一段距离，在道路靠内一侧布置汇车位置，以便于停车让行。

综合前文所述，道路铺装问题，尤其是对于泥炭地或低洼地带，铺装路面在雨季将大大提高路面通行能力。用来铺装路面的材料多是红土、火山渣、砾石、石子等。对于较硬的地表，铺装无需太厚，通常是 2～5 厘米的砾石、石子即可，主要是防止雨水冲刷。但对于承载力差的路面，通常需要铺设 15 厘米左右的砾石和红土的混合料，压实，才能满足车辆行走。而泥炭地，取自道路一侧沟渠的土方干燥后，直接在其上铺设铺装材料往往仍然为后期带来大量的养护工作，此时，在铺设之前，对路面采取一些预处理，比如，将清芭出来的一些小的硬木铺排在路面上，或者使用一些网状的塑料纺织物覆盖路面，再铺设 50 厘米左右的红土、石子的混合料，压实。

根据地块编号的命名规则，主路叫"AB 主路"，表示这是一条所有地块 A 和所有地块 B 之间的主路；而辅路是"3 号路"，表示这是所有"3"系列地块一侧的辅路。辅路的使用频率没有主路高，辅路通常是针对某一顺序号的地块运输物资时行走，而这些物资，均先要通过主路到达对应的位置。在成熟前的种植园，无论主路还是辅路，其使用频率不太高，如果使用路沟相邻的排布时，一般在挖沟时，使用挖掘沟渠的物料适当垫高压平对应的道路，在成熟前，保持自然状态，使路面充分沉降；而路沟不相邻的排布方式，因为地势本来就较高，简单地打理路面，充分晾晒。在成熟前铺装路面的话，因道路铺装所需材料是巨大的，可以量化计算，4 米宽的道路铺设 10 厘米厚的材料，每公里即需要 400 方❶，1 万公顷的种植园，道路往往数百公里长，成本是巨大的，为减轻前期项目资金压力，在前期运输量较小时，对主路、辅路进行大规模的建设（如铺装）投入是可选项，视财务状况合理安排，各地块间，尽量共用某条道路，比如维护好 AB 主路的情况下，BC 主路尽量不用，以让其充分沉降，日后养护 AB 主路时，可启用 BC 主路，同理，辅路也可以这样"轮休"，但为了人员和物资的进出方便，至少需要将所有生活区、仓库连接外界的道路安排妥当，在收果之后，视实际需要安排铺装。

道路的另外一部分是桥涵，其功能是跨越沟渠。开发初期，为了便利性和快捷性，可使用清芭时得到的一些圆木等搭建便桥，甚至是直接略过。但后期，逐步进入收获期时，需要建设永久性桥梁和埋放涵管满足排水的需要。一般来讲，流量不大的辅沟，多使用涵管、涵箱即可，涵管、涵箱可以自己在某一处集中制作，也可以从外部采购，运抵现场埋放即可；跨越主沟时，因为宽度较大，且使用的频率高，推荐就地建设水泥钢筋的桥梁。

道路修建的机械根据项目地的土地实际情况灵活选择，一般来说，对于地势较高、承载力不错的土地，推土机、刮平机和压路机是不错的选择；而对于地势较低、承载力一般的土地，使用挖掘机可以很方便地起土垫高路面。与清芭时一样，

---

❶ 1 方＝1 立方米。

推荐使用承包商进行这项工作，如果是购买设备自行进行，资金压力会较大；另外，一旦清芭、修路工程结束，设备将可能面临闲置，但考虑到后期的道路养护，可以购置部分机械。

这些道路，无论出入路、主路还是辅路，在种植园的开发过程中，都不可能是一劳永逸的，道路养护将贯穿整个商业种植园的运营周期。道路养护最有效的方式是"勤巡检，多小修小补"，一般由各小区（Division）各自负责所在区域的道路巡检和小修小补，采用和路面相匹配的材料，例如红土、细碎石等，通过日常巡视发现问题，然后运用这些材料进行填补，这些材料如果能在种植园内采挖是最佳方案，否则从外部采购。为了填补的便利性，在每个十字路口堆存部分修补道路的填补材料，对应小区配备独轮车，负责小区内路面。尤其是在雨季更需要经常性地巡检、填补，如果不经常性巡检和小修小补，路面积水的小坑浸水后，承载力变差，经重载汽车不断地碾压扩大，后期的修复成本会成倍地增加。在数十年中，周期性地养护道路，种植园一般会自行购置一些设备以方便、灵活地进行道路维护。对1万公顷规模的种植园，在印度尼西亚实际生产中，常使用的配置是两台平地机、一台压路机、2～4台卡车（可作其它用途）、一台装载机，使用这些机械刮平、压实道路，通常是一年一次，多在旱季进行。这些刮平、压实操作多推荐在红土的铺装路面进行，如果已经铺装砾石，不推荐刮平，压实即可。

4.3.3　农田水利工程

农田水利工程的实质就是建设水管理系统（Water Management System，WMS），在规划中，已经介绍了各种沟渠，可能的水闸、挡水坝等设施，同样遵照之前的规划，严格执行。与主、辅路一样，主、辅沟的建设也不是短期行为，尤其是在初期，可能面临清芭后地面植被进入沟渠中阻塞沟渠，也有可能沟渠两侧出现垮塌；而在种植园后期运营中，可能为了保水，将某些节点的沟底需要垫高等。田间沟不在清芭备地时开挖。

各种沟渠在施工时，需要遵守规划时确定的尺寸。具体施工时，推荐修路与挖沟同时进行，尤其是在地势较低的地方，需要使用挖掘沟渠的土方加高路面的情况下，修路和挖沟同步进行会节省时间及资源。目前多采用挖掘机进行施工，一般最先开挖主沟，其次是辅沟，田间沟如果不是地势特别低时，通常可以在定植后再行开挖，但在易淹水的地段，田间沟不仅需要在定植前开挖，并且可能需要加大并增加密度，所挖取的土方，优先对定植点进行垫高。

使用挖掘机建设沟渠时，唯一需要留意的问题是沟壁的处理，当沟壁太过笔直时，不利于沟渠的保持，往往会因为垮塌造成沟渠堵塞，尤其是靠近道路一侧，沟壁呈 45 度左右，有利于保持路基牢固。如果使用"路沟分离"的方案，辅沟挖掘出的土方无需用来垫高路面，此时，挖掘出的土方不能堆积，而是需要使用挖斗将其尽量摊平。

梯田地带的田间水利工程除起着排水保墒的作用外，还要兼顾水土保持的功能。梯田带面向内倾斜，降雨会在梯田带面内侧汇集并向地下渗透，以便土壤蓄养水分，可以有效保墒。梯田地带的道路内侧水沟，这种水沟一般不深，深度通常在半米以内，主要功能是为路面排水，防止路面被汇集的水流过度冲刷，这种路旁边的排水沟最终汇入平地上的大型水渠或者自然地形中的山沟。在早期开垦的一些梯田地带，因为没有对开垦坡度的限制，有些梯田的坡度较大，山顶部位可能会留下"帽子"不予开发，以防止可能出现的水土流失。除此之外，有些不足以设置梯田的缓坡地带，为了防止旱季可能出现的干旱，通常会自上而下，每隔一段距离，在没有种植油棕、不阻挡田间道的位置，挖出一个水坑，大小在 2～3 平方米、深度 1 米左右。这些小坑可以蓄积雨水，加大雨水向地下的渗透量。

除了沟渠外，水闸和挡水坝等可能也需要配套建设。水闸的作用较多，多用来阻挡外部水系的水进入种植园造成涝渍，比如在地势较低或受潮汐影响的地带，可有效防止外部水系向种植园内灌水。其形式多种多样，核心点是需要可以开合，以控制水体流量，有手动操作的，现在有些水闸能够根据内外水位差异做到自动开合。而水坝，多用来削减高地向低地排水，也同时为高地保水，防止高地的水大量排走，影响油棕生长。其结构相对简单，通常是在沟渠底部直接加高，为防止加高的部分被水流冲走，一般使用编织袋填充土壤、碎石后放入沟渠底部。在旱季时，通过这一措施，可有效地保持地下水位维持在一定高度，为油棕生长提供必要水分。除水闸、挡水坝外，可能还会建设堰塘等简易的存水设施。在西非，由于旱、雨季降雨特别不均，为满足旱季长时间的用水需求，不临河的种植园，通常会在地势较低的地方建设堰塘，以作存水之用。为防止雨季时堰塘形成堰塞湖，其溢水口需要和排水系统相连。

同道路系统一样，所有农田水利工程后续也需要不断地养护，平时需要密切注意沟壁垮塌、水草过量生长、大量异物进入沟渠等情况，以免造成沟渠堵塞；主要的排水沟渠，视情况，周期性地对沟底清淤是有必要的，具体时间视当地降雨等外部条件而定，一般而言，2～3 年是较常见的清淤周期。另外，在雨、旱季明显的地方，还涉及季节转换时，水利设施的功能转换。从雨季时的排水变更为旱季时的保水，通过是在某些节点，通过放入灌装有泥土、沙石的编织袋来加高沟渠的底部，防止沟渠里的水过排而引起田间干旱；而到了雨季时，为了排水迅速、顺利，在旱季初期加高的沟底需要打开。

在极端条件下，水利工程可能还包括一些机械设备及安放这些设备的附属建筑。如在极端情况下，可能安装水泵排泄或者灌溉，包括使用的管线等，这部分水利工程的实施，遵照这些设备的使用说明，严格执行，其附属建筑，以满足需要为宜，不宜过分投入。

4.3.4　房屋及其它

因为种植园项目往往位于远离人口聚集的城镇等，无法通过租赁场地等方式解决人员办公、物资存放和工作人员的住宿问题，因此，自行建设一定的房屋等设施就显得很有必要了。

房屋建设方面，根据功能不同，可能包括办公、仓库、宿舍等建筑。修建的宿舍如果是提供给当地雇员，那么在修建时，需要了解当地法律对此是否有一些具体的、强制性的要求。这些设施作为种植园永久性的基础设施，无论是自行建造还是采用承包商建设，应当参照建筑工程施工标准，严格执行，保证质量，在建设过程中，需要严格把控，如果存在质量问题，使投资面临损失之余，更重要的是在后续使用中存在安全隐患。

办公室、仓库、宿舍等房屋一般为了便于工作和管理，不会过于分散，它们一起构成了种植园的生活区，或称为营区。视具体情况，可能还需要配套建设仓库（含燃油存储）、储水设施和泵房、发电机房、机修棚等。这些建筑的建设标准，考虑到后面数十年的使用期，在考虑到资金的充裕程度、进出项目地的方便程度和可能快速投入使用等因素后，可能在项目开发初期，搭建一些临时、简易的建筑，但如果时效性、资金、物流等条件允许时，一次性投入到位应该是最佳选择，这样避免了后期重复建设。

除房屋外，其它基础设施的建设通常需要与当地相关方协调，比如手机通信塔等，多由种植园运营方提供土地，这些设施的运营方或是使用方全部或部分负责建造，这些基础设施通常方式比较灵活，取决于双方的谈判结果。

4.4　覆盖作物

在东南亚的商业种植经验中，使用豆科作物覆盖大田表面，在投产后开始的 5 年里，产量比直接在大田定植高出 6%，这主要得利于这些豆科覆盖作物根部的固氮作用，在油棕未封行之前，每公顷覆盖作物可向土壤中释放 200～500 千克氮元素供油棕生长之用。除上文提到的在清芭后定植前控制杂草外，覆盖作物的落叶，不仅是良好的地表覆盖物，腐烂后，增加土壤有机物含量，可直接改善土壤表层结构，利于表层根的呼吸。

地表覆盖作物通常使用种子繁殖，通常在雨季直接将种子撒在田间即可，但要注意避开大致的种植条带。在覆盖作物的种类选择上，目前多选择多年生匍匐型豆科作物，这种覆盖作物生长量大，生长快，匍匐茎节点可生根，因此能快速覆盖整体地面，较其它杂草优势明显，同时，也会有大量的落叶成为地表覆盖物；但问题也很明显，会攀援到油棕树上，这时候需要人工砍断上树的匍匐茎，所有具有匍匐茎的豆科作物均有这一缺点。而非匍匐茎类的覆盖作物要么是一年生的植物，如含羞草科的，这类覆盖作物会有一个"空挡期"供其它杂草快速生长；或者是很难控制的多年生木本植物，在油棕未收获之前，会长得较高，甚至与油棕产生空间竞争。因此，综合比较，一般选择多年生匍匐茎类的豆科植物作为覆盖作物。在东南亚通常选择的覆盖作物有以下几种。

三裂叶野葛：最为广泛种植的豆科作物，成苗十分迅速。生命力很强的匍匐植物，大且柔软，表面有少量细毛的三出叶宽 15～20 厘米。如果条件适宜，可以形成浓密的覆盖。牲口喜食。低耐荫性。通常按照 2～4 千克/公顷撒播。

距瓣豆：相对较小的匍匐植物。茎细小，三出叶，无毛。固氮能力强，牲口喜食。低耐荫性。播种量按每公顷 4 千克撒播。

毛蔓豆：匍匐植物。生命力中等。叶子与野葛类似，但要小一些，且毛更多。干燥天气条件下容易灭绝，但休眠种子可以成活。火烧后种子可以大量再生。牲口不喜食。低耐荫性。播种量 4～6 千克/公顷撒播。

蓝花毛蔓豆：生命力非常强的匍匐植物。叶子与野葛类似，但要小一些，且无毛。只在长期干旱的季节结实。播种量 0.1～0.5 千克/公顷撒播。可同其它豆科植物混合播种。

除此之外，还有狗爪豆、黄毛鬣豆、四棱豆、柱花草、无刺含羞草等作为覆盖作物。通常一个种植园内推荐使用两到三种覆盖作物种子混合播种，也可只使用一种。

这些覆盖作物的种子通常具有长短不一的休眠期，专业的覆盖作物种子的供应商可能会做好预处理或者告知处理方法，如果没有，无论在其它什么情况下，如野外直接采集或者向不太规范的覆盖作物种子供应商采购，都需要做发芽测试，可以使用诸如热水浸泡或者机械破壳的方法来打破它们的休眠。

覆盖作物种子在播种前，如果土壤中已知含有相对应的固氮菌，则可以直接播种，否则，建议进行根瘤菌接种，通常按 10 克菌种与 10 千克覆盖作物种子混合接种。无论直接播种还是接种根瘤菌，如果覆盖作物根部开始固氮的话，可以在覆盖作物的根部看到瘤状组织，这些瘤状组织内部如果是乳白色，则是无活性的，此时，可以喷洒根瘤菌配制而成的水剂，也可以从根瘤菌生长状况良好的土壤上层取土撒施在对应作物的根部。

种植覆盖作物后，大部分的杂草会被覆盖作物抑制（图 4-5），但同样需要进行除草，如特别大型的茅草等，此时一般推荐人工除草。另外，覆盖作物亦需要施肥，因为其生长量大，所以，适量补充磷肥和钾肥是必要的，可以在撒种时一并施用，通常的建议量是种子、磷肥和钾肥按 1：1：1 混合撒施。在某些地区，也有对覆盖作物进行追肥的，此时建议直接使用复合肥，如果追肥时已经定植，建议将这一项劳动安排在与棕榈施肥同时进行。最后，是覆盖作物病虫害防治，在田间一般很难观察到覆盖作物病虫害，但还是需要警惕病虫害的发生，尤其是覆盖作物与油棕"共患"的病虫害，如蜗牛及一些昆虫，另外还有一些真菌性病害。发现这些问题时，零星发现可不处理，这种情况下，覆盖作物往往可以为病虫害提供食物和寄居地，减少油棕树被侵害的风险，但覆盖作物成片出现死亡时，需要予以关注，并喷洒对应的除虫剂或者杀菌剂，往往这种情况，需要对油棕树周边进行重点防控。

图 4-5　种植覆盖作物的 2 龄油棕林

5

油棕苗区开发及管理

苗区（Nursing）是整个种植园建立的开端，如不从外部采购种苗，其运营使命就是为整个种植园的开发保质保量地提供种苗。在大规模商业种植园，为了确保种苗来源的可靠性和控制成本，一般不从外部采购种苗。

油棕种植园一般采用集中育苗，再向田间统一移栽定植，而不是直接点播。一是因为目前任何一家优良的种子公司，其提供的种子都有一定的淘汰率，通常这个淘汰率在25%左右，甚至到30%或者更高，将这个淘汰过程放在苗区，会减少淘汰成本，同时，最终定植的种苗也比较均匀；如果直接点播，在大田中筛选、淘汰再补种，首先无法确认补种的种子是否合格，也导致大田中生长的油棕大小长势不一。二是病虫害、杂草防控的需要，幼苗的抗逆性低，直接在大田点播，出苗后极易遭受各种病虫害侵害，在大田的种植密度情况下，"地广苗稀"，几乎无法做到对病虫害、杂草的整体防控和检查，即使去做，人力成本无法想象。三是可有效地缩短其收获前的生育期，因为抗逆性差的幼苗在野外即使存活，其生长速度也无法与在苗区集中管理的相比。

前文已经提及过苗区的主要作用是"炼苗"和筛选，目前生产中普遍采用的栽培种（D×P系）所使用的种子，均由专门的育种公司催芽完毕后以裸根种子（萌芽状态，芽长2～5毫米）的形式交付至客户手中。苗区的工作即从此阶段开始接手，培养符合商业种植园大规模定植的种苗，按照苗龄的大小，分为三个阶段，每个阶段的种植方式、管理模式均有所不同，而在各阶段的筛选标准也有所不同。

幼龄苗	大龄苗	超龄苗
1～2个月	3～12/14个月	>18个月

苗区往往紧临种植园第一个生活区，需要注意的是，苗区的清芭标准相较于大田清芭更严格，需要将表面全部清理干净，不允许小树桩、树枝和杂草存在，中间有小面积的起伏应该予以平整；如果当地土壤较为板结，为方便后续的取土灌袋工作，可在清芭时，使用机械将表面15～20厘米的土层犁耕松动，也可以在后面需

要取土时再进行此项工作。

苗区建设的重中之重是供水问题，需要干净充足的水分来保障后期的浇灌之用，必要时需建地下抽水井、净化设施以保障供水。因此，在苗区正式开发前，需要解决供水问题，如附近有天然水道，至少要清理出一条可以顺利到达水边的便道，便于后期安装取水设备；如需要打井，则比较麻烦，可能还需要建设相应的储水设备，大型水池或超大型水缸都是可行的。自水源处至苗区的管道可在后期的生产管理中视苗区的扩展边界分期分段铺设，与滴灌或喷淋相关的水泵也可以在需要使用时再行安装。

在可以保证育苗工作顺利开展的准备工作完成后，即可接受从商业种子公司购买的种子开始育苗工作。需要注意的是，如果种植园规模较大，可能会设置多个苗区，在条件允许的情况下，通常一个大区（Estate）设置一个苗区是比较推荐的，这样，后期可以避免长距离地运输大苗，可以节省部分运输费用。

5.1 幼龄苗

幼龄苗是由接受的已经萌芽的商业种子发育而来，一般在遮阳条件和通气性良好的室外进行，所建立的育苗区叫幼苗区（Pre-Nursing），又叫小苗区或预备苗区。因为所接收的已经萌芽的裸根种子，之前的萌芽环境相对优越，幼苗区实质是练苗的开始，在幼苗区，各项条件将逐渐向自然环境靠近。

5.1.1 建立幼龄苗区

幼苗区的场地在整体苗区清芭结束后，还需要对地面加以整理，为防止周边潜在的火灾和虫害等情况，需要在幼苗区周边设置隔离带，宽 40 米左右，所有幼苗区清芭出来的杂草树木等需要摆放到隔离带外。场地清理出来后，即着手建立幼苗区，早期的幼苗区，多直接在沙床上布置，可快速接受大量已萌芽种子，但后期移栽时，较为麻烦。目前，几乎全部采用塑料育苗袋，有少量使用育苗盘的，但因其容积较小，在一段时间之后，还是需要移栽至小苗袋中，小苗袋优点类似于沙床，可快速接受大量已萌芽种子。此处主要介绍使用小苗袋建立的幼苗区，其建立的步骤如下：

① 准备塑料育苗袋：首先需要准备育苗用的土壤，因为小苗区面积较为集中，可以使用推土机将地表土集中至某处，要求这些地表土尽量干净，不可混有树根、

草根等杂物，未喷洒过除草剂，尤其是草甘膦类的内吸性除草剂。之后将这些土壤装入塑料育苗袋（Poly Bag），因为幼苗所需的育苗袋尺寸较小，所以又叫小苗袋，小苗袋口径约10厘米左右，深20厘米左右，这些苗袋平铺时尺寸约15厘米×20厘米，装入的土壤需要压紧压实，也可以在装好土壤后浇水使之紧实，最终的成品，需在苗袋上部预留2厘米左右的空间作覆土之用（图5-1）。根据一个工人一天可以灌装的量，做好测算接收种子的时间并通知种子公司按时交付种子。如果使用育苗盘，则相对简单，多使用松软透气的材料，装填苗盘即可。

图 5-1　准备好的幼苗苗床（喀麦隆）

　　② 下种：将接收的裸根种子浸入杀菌液中杀菌后，每苗袋放入一粒种子，下种时，注意朝向，保持萌芽点朝上，轻轻地将种子下部放稳在小苗袋现有土壤中后，再取少量土覆盖至齐苗袋口即可，即种子放入苗杯后覆土2厘米，如果覆土厚度不均，将直接造成出苗不整齐。在此过程中，注意不要损害已经萌芽的胚芽和胚根（如果有），折断的应立即丢弃；同时，如果采用先将苗袋加满土再挖洞穴播的话，应注意压土时的力度，用力过大可能会将胚芽压断而不知情。

　　③ 布置苗床（图5-2，图5-3）：按10袋×100袋（约1米×10米）排列成长方形，四周使用木棍做成简易的围栏，以防四周的苗袋倒伏；一个苗床只允许一个品种，如不足1000株，相应地缩短长边做成苗床；相邻苗床间距至少50厘米以方便管理时行走；针对各个苗床需要编号，以便统计基本信息，在苗床的显眼位置以木板等材料标明苗床编号、种植品种、种子接收日期、下种日期、数量等信息，要求字迹清晰，不会轻易地灭失或褪色。如果是使用苗盘，多布置成方形；如果周边

易积水，则摆放在搭好的悬空架子上，防止被淹。

图 5-2 幼苗床（印度尼西亚）

图 5-3 幼苗床（塞拉利昂）

④ 浇水遮阳：苗床排列完毕后，须浇第一次水，浇透为宜，但苗袋中或苗床不能有积水，之后，开始布置遮阳，幼苗期的遮阳强度随时间推迟而减少，以达到在幼苗期结束前后，少遮阳或者完全不遮阳。遮阳棚使用木棍搭建，高度 2 米左右，以满足人员在棚下走动，宽度以覆盖苗床为宜，可以适当将数个苗床的遮阳棚连在一起以增加稳定性。

⑤ 布置浇灌系统：推荐使用微喷带，沿苗床的长边铺设；苗盘则可以使用喷头从顶部喷淋，其出水范围是圆形的，这对长条状的苗床不太理想，易造成中间的过道积水、湿滑。一次性育苗过多时，不推荐人工浇灌，需要投入的人工过多，且浇水量不好掌控，甚至会将种子冲刷出来，而安装连接到每个苗袋的滴灌设施，管线将非常繁复，小苗区也不推荐。

上述步骤中，①步骤可以提前开始预备；②③④ 尽量安排一天内完成，以免生变，如果可以确定是连续阴天，光照不强的话，④步骤中布置遮阳网的工作可以相应推迟，但通常不建议这么做，同时，④步骤中的遮阳棚的搭建，可以在苗床摆放妥当后进行，也可以根据规划，在摆放小苗袋之前提前搭建完毕；⑤步骤可以在④完成后的次日完成。

特别需要注意的是种子的质量，接收的种子现场打开下种时，发现以下情况，需将有问题的种子单独收集并清点：

① 生长过度：已经出现剑叶或者须根；

② 胚芽或胚根已经折断；

③ 种子未萌芽或萌芽但种壳已经破裂。

上述有质量问题的种子总数，超过该批次合同约定的溢出量（一般约定 3%～5%）时，需要向种子公司索赔。如果所接收的种子当天没有全部下种，则需要将种子妥善存放，一般放置在空调房中，温度保持在 25 ℃上下；如果已经移除种子供应商提供的包装，注意保湿，种子表面干燥时，适当喷水，已经萌芽的种子这样保存的天数不可超过 1 周。

下种过程目前依然依赖大量的人工投入，在劳动力管理方面，目前在东南亚和西非一些商业种植园，通常采用外包的形式来安排临时工人，按件计价，如果项目地周边有社区或村庄，这些为当地居民提供收入的举措可有效地改善周边关系。

5.1.2 幼龄苗区管理

下种以后，幼苗区的日常管理中，应加强巡视，注意异常，防止老鼠等啃食幼苗或种子。以下重点讨论浇水、日照、除草和明显的病虫害问题。

浇水方面，保持在每天上午或者下午进行均可，也可分上、下午两次进行，但需要避开强光直射的时段，以浇透为准，使苗袋保持湿润即可，严禁出现水浸状态的苗袋，如果当天有喷洒农药的计划，在喷洒前一次浇够。

日照方面，在西非和东南亚的经验表明遮阳是必需的。但是，过度地遮阳同样有害，一是造成白化苗；二是使幼苗的生长环境处于高湿状态，容易遭受真菌类病害；三是达不到炼苗的效果，2个月后移栽至大苗区时易被晒焦。因此，日照强度的控制极为重要。在目前公认的油棕宜植地带，即南北纬10度以内，大多采用下种后两周开始每两周左右降低25%的遮阳度，直到10周左右完全移除遮阳物，从而达到逐步炼苗的目的（表5-1）。在实际生产过程中，每两周更换一次不同遮阳度的遮阳网代价较大，一般较为经济的做法是使用苗区附近的植被覆盖遮阳棚顶，并适时移除以降低遮阳度，目前，使用较多的是棕榈科的大复叶，如油棕叶、椰子树叶等，但需要注意的是长期的阴雨天气，可能造成棚顶的这些覆盖物上生长霉菌，并对幼苗造成侵害。

表5-1　幼苗周龄与遮光关系

苗龄/周	0~2	3~6	7~8	9~10	11往上
遮光百分比/%	100	75	50	25	0

日常巡视是针对杂草和病虫害的重要措施，这项工作通常由苗区主管及其助手来执行，他们的任职要求至少包括：杂草辨认，病害和虫害辨认，不合格种苗的辨认，并且有能力准确地告知工人。

在巡视小组的日常工作中，通常按苗床编号顺序巡查所有苗床，不得跳漏。凡发现小苗袋中有杂草生长，需立即予以拔除，在开始的一到两周，拔除杂草时需特别小心，以防将种子带出或者拉伤，这种巡视苗床每周至少进行一次。如果发现大规模的杂草出现，当场无法应付时，需安排临时工人予以清除，需要指出的是，造成这种现象的出现往往是灌装至小苗袋的土中含有大量的杂草种子或者可发育成杂草的细小草根。小苗袋内的杂草一定是人工处理，苗区其它地方的杂草也尽量通过人工处理，如人工砍除或者拔除，控制在不影响小苗区的状态下即可，万一要通过喷洒除草剂来控制（可能是清理小苗区时未彻底清除宿根性杂草的地下根），一般使用触杀性除草剂（如百草枯），喷头使用网罩，不要在有风的情况下喷洒，应严格避免喷洒至小苗叶表面。

除杂草外，病虫害亦是日常巡视需要监察的目标之一，实际上，在小苗区发生病虫害的机会较低，但也要留意，发现如老鼠、蜗牛、昆虫等迹象，需要及时根据植物保护专家意见，采购相对应的农药予以控制。小苗区常见害虫见表5-2。

表5-2　小苗区常见害虫

害虫	破坏性	处理建议
老鼠	破坏杆基	在幼苗区周边投放鼠药
蜗牛	啃食叶表面，仅留下叶脉	在苗床周围投药
红叶螨	出现在叶子的背面，会导致大量淡绿色斑点的出现，斑点颜色会逐渐从淡黄变成棕色	将药剂喷向叶子的背面

续表

害虫	破坏性	处理建议
金龟子	啃食叶片组织,导致在叶片边缘出现很多小洞	喷洒杀虫剂,如有必要,每 10～14 天重复一次
蝗虫	啃食刚抽生的幼叶或嫩叶,通常从羽片的边缘开始连片啃食大量叶子	喷洒杀虫剂,如有必要,每 10～14 天重复一次
毛虫	啃食叶片组织,仅留下主叶脉	喷洒杀虫剂,如有必要,每 10～14 天重复一次
蟋蟀	破坏根部,啃食幼嫩叶片,使其暗淡、丧失光泽	投放杀虫剂至小苗袋内的表层土壤
蚜虫类	破坏叶子	喷洒杀虫剂

除此之外,还有病害,这些病害多为真菌性病害,侵害小苗叶片,使用杀菌剂即可控制大部分真菌性病害。值得注意的是瘟病,由腐霉菌（*Pythium* sp.）和丝核菌（*Rhizoctonia* sp.）引起的病害,具体表现为叶子无光泽,表现出缺水症状,从老叶到新叶逐渐凋亡,根部皮层组织腐烂,但茎杆无明显症状。这类瘟病不可防控,一经发现,需将该苗立即销毁（一般烧毁）,且过程不可接触到其它小苗,之后做好公共区域的杀菌工作。除此之外,其它真菌类病害如果出现叶面积大量被侵害,也可当场处理掉,处理方法同瘟病一样。

在小苗区的小苗生长至 10 周左右,幼苗一般都生长至 4～5 叶,根系也扩展至苗袋底部,此时,需要换更大的苗袋,此时,将面临第一轮筛选,一般这一轮不合格率在 5% 左右,有时也会出现 10% 以上的情况,这一轮标准较为简单,直接剔除明显异常的种苗即可。

5.2　大龄苗

在小苗区筛选过的苗,会被移植至更大的大苗袋,这一过程称为倒袋。倒袋结束后,所有苗袋按 1 米的点距在空地上呈等边三角形排列,形成大龄苗区（Main Nursing）（图 5-4）,又称大苗区、主苗区。在早期的种植园开发中,也有直接将小苗种植在原始地表上来建设大苗区的案例,这种操作,在后来大苗向大田移栽时,起苗成本较高,同时,搬运过程中,根部土壤极易脱落,随着塑化工业的进步,目前均采用塑料育苗袋。

采用口径 24 厘米、深度 45 厘米左右的大苗袋（平铺尺寸约 38 厘米×45 厘

图 5-4　大龄苗区（科特迪瓦）

米）种植从小苗区挑选出来的合格小苗。小苗在大苗区再经过 10～12 个月的生长，被挑选出来的合格苗即为种苗，运送至经清芭备地完毕的地块定植。

5.2.1　建立大龄苗区

大苗区建立的一般步骤如下：

① 清场标定：将选好的大苗区场地地表清理干净，地表残留物以不影响大苗袋的摆放为原则，所选场地尽量靠近已有道路，这样可以降低费用，如果场地内杂草较多，建议喷洒除草剂，通常要在取土灌袋前 1 个月进行。确定场地并清理干净后，使用直径 1 厘米左右的小木棍标定摆放大苗袋的位置，按 1 米左右的点距呈等边三角形排列。每排 100 株，每 100 排安排为一个大苗床，针对每个大苗床编号，相邻大苗床之间留出 5～6 米的距离供拖拉机等运输工具行走，也方便后期种苗运出。

② 取土备袋：一个大苗袋大概可以盛装 30 千克以上的土壤，此时像小苗袋先装土，再搬运至苗床摆放下种将不太现实，所以也不可能像小苗区一样将表土用推土机集中至某处统一灌袋。在印度尼西亚多采用就地取土灌袋，由工人携取土工具和大苗袋在每个标定点就地取土灌袋，最表面的土层可能含有草籽或细小草根甚至病菌，将表面的 5 厘米土劈开弃之一旁，取用 5～25 厘米间的土层，灌装过程中，提住袋口抖动 2～3 次以使袋内土壤紧实，要求灌至苗袋口下方 2.5 厘米处，之后移除地面标定的小木棍，将灌好的大苗袋摆放在标定点上，之后每个苗袋用水浇实。此项工作比灌装小苗袋更慢，因此，几乎可与小苗区建设同期开始。

③ 移植小苗：自小苗区将合格小苗连袋搬起，使用小型拖拉机或其它运输工具，运输至大苗区。在起苗过程中，如果有小苗的根透过苗袋上的渗水孔扎入地面，予以断根处理即可。至大苗区后，将小苗袋卸下并分发至每个大苗袋旁，使用移植螺旋钻（如图 5-5 所示，可使用 PVC 管和一根木棍自制，选用的 PVC 管径大于小苗袋）在大苗袋正中央挖出深度约 15 厘米的孔洞，将小苗袋直接撕除或者倒出，这一过程尽可能完整地保留原小苗袋的土芯，将该土芯放入大苗袋的孔洞中，压实土芯与四周土壤即可。移栽时间选择上，为防失水，尽量选择在温度较低的早晚或者阴天进行。每一块大苗床移植完毕后，在四个角上用木板等材料注明苗床

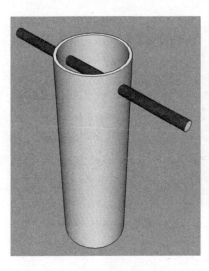

图 5-5　大袋移栽工具

编号、品种、移植日期、数量等信息。此步骤中如果在挖洞之前苗袋中土壤因为浇水等土壤紧实后，导致土壤"减少"的，从周边的地面补装一些土壤进来；如有安排施用底肥或接种根瘤菌，需在打好孔洞后即放入底肥或根瘤菌种，之后再放入小苗；有时候还会在压实土壤后随之施一次复合肥，此时直接撒施在离根部 2～3 厘米外的位置即可。在移植完毕后，随即浇水，如果此时已经铺设好灌溉管道，可以通过灌溉系统统一浇水，也可以逐一移植，逐一浇水。

移植完毕后，大龄苗区即建立完毕。

5.2.2　大龄苗区管理

大苗区在日常管理中，重要的是水分供应管理，也存在施肥、杂草管理和病虫害的管理。与小苗区不一样的是，大苗区不存在日照管理，但刚移植完毕时，如果日照特别强烈，还是需要遮阳的，一般取当地可以取用的绿色植物，在大苗袋中小苗东西两侧各插入一些叶片或者细小枝条，在移植完毕做一次即可。

水分管理方面，首先是灌溉，与小苗区一样，在水分供应充足的地方，可使用微喷带或者旋转喷头，这是在东南亚一般采用的方式。使用微喷带时，每周需要冲洗一次所有的管道和微喷带，防止管带阻塞；使用旋转喷头时，则需要将喷头布置在 1.5 米高的位置，防止下雨溅起的细小土粒堵塞喷头。使用这种喷淋灌溉时，应当避免中午进行，最好选在上午 11 点之前或者下午 16 点之后，晚上进行也是可行

的。在西非等水资源匮乏的宜植区域，采用微喷带或旋转喷头喷淋，因为蒸发损失很多水分，因此，部分商业种植园开始采用滴灌，但滴灌的成本高昂，对水质的要求较高，好处是可以通过使用水溶性肥料而节约施肥的人工成本。浇灌的标准是大苗袋中土壤保持湿润即可，以手抓不挤出水分为宜。

　　与小苗区不一样的是，大苗区因为需要 10 个月的育苗时间，在热带地区极有可能面临旱季和雨季的交替，此时，除灌溉外，还需要考虑排水问题，避免苗区出现涝害。因为大苗区的选址是位于之前土地规划的地块之内的，此时应当在大苗区内开好排水沟，连接到主沟或者辅沟，并保证主沟和辅沟的水流通畅，如果在坡地，应当顺坡往下布置排水沟。遇到最极端的情况，比如主辅沟不通畅，或者排水节点处连接的大河/江的水位涨到比苗区还要高时，此时，突遇暴雨是无法排水的，可以将大苗区四周挖出边界沟，边界沟的土壤筑成围挡将苗区围住，遇到暴雨时，一是可以挡住苗区以外的水快速进入，二是雨水可先聚集到苗区内的沟渠中，当苗区内沟渠水满后，无法起到"缓冲"作用时，可使用大功率水泵从内部沟渠向外部沟渠排水。因此，在开挖苗区内部沟渠甚至是单独的苗区边界沟时，要考虑当地降雨的极值，根据计算可知，1 毫米的降雨量，对应每公顷约 10 立方米水量。但上述措施只能起到临时作用，被水泵排到苗区以外的水，往往会注入地下，从而抬高地下水位，加重苗区的防涝负担，此时，最根本的措施还是需要打通苗区到主要河流的排水通道。而坡地的苗区突遇暴雨时，需要防止地表被冲刷，水土流失可能会掩埋或者冲走部分种苗，因此，可以考虑在地表铺一层塑料布。而旱季干旱同样需要注意，在西非等干旱地区，可以在坡地的底部挖出人工池塘收集存储雨水，以应对旱季取水问题。因此，大苗区的灌溉和排水是大苗区水分管理的主要内容，苗区管理者应当根据当地实际情况，因地制宜，平衡自然降雨不均等各种条件，将运营成本最小化。

　　施肥方面，大苗区每月需施肥一次，以复合肥为主，推荐的依然是 N、P、K、Mg 复合肥，以 15∶15∶6∶4 为主，均匀地撒在距株根部 5～7 厘米的外围，在撒肥过程中，肥料不可触及叶片，防止烧苗。在极少情况下，因为所取用土壤自然肥力的因素，可能会出现施用以上肥料后，依然出现缺素症的情况，此时，应该根据所缺元素补施。根据印度尼西亚的种植经验，在大苗区，最经常可被观察到的缺素症是氮和镁。缺氮时，先表现为叶面积尺寸较其它正常株变小，变蔫，呈灰绿色；再严重时，会呈淡黄色，叶脉也会变成淡黄色；再严重时，叶片会变成深橘黄色。出现缺氮症状时，一般使用尿素，可以撒施或尝试使用叶面肥喷施，相关症状一般在 7 天内得到缓解。缺镁时，叶子最开始是失去光泽，变得粗糙，通常老叶最先表现出来，随后，叶尖开始出现紫斑或者褐斑，随后向叶脉处扩散，最后，叶子变为灰色；可通过施用镁肥解决，如果土壤中含某些负离子，可以固定住镁离子，此时，可考虑使用叶面喷施相应的镁肥溶液，2～3周症状可缓解。

除此之外，还容易出现硼、钾、铜、锌等缺素症状，出现这些缺素症状的原因无外乎是：①土壤中含量不够；②土壤中有，但吸收不了。土壤中缺乏的原因往往和水分管理有关，如涝灾，浇水过量、过频这些不当浇水措施，使土壤中许多矿质营养元素淋溶流失；另外，如果苗区取土的土地，之前种植过偏好某类或几类元素的其它作物，易出现这些元素的缺乏症状，如种植过橡胶树的土壤，极易缺镁。吸收不了的情况大多是根部出现问题，这种情况很少成片出现，如果周边所有其它苗几乎都正常，偶尔出现几株缺素症状的苗，最有可能是其根部受损，此时，可以拔出一株进行检查，如在南美，一种叫 *Sagalassa valida* 的害虫，是水蜡蛾科的一种，会损害根部并引起吸引功能丧失，出现缺素症状。

大苗区的除草与小苗几乎一样，分为苗袋内除草和其它地方除草。苗袋内，加强巡视检查，在开始移植前的两周内，使用人工除草一次，之后，每月除草一次即可。大苗区杂草控制的关键在于大苗袋之间的地面，可以使用触杀性除草剂控制，注意不要伤及棕榈苗，不可使用内吸性除草剂❶，这些药物会渗入地下，棕榈苗的根透过大苗袋的渗水孔扎入地下，吸收后将造成损失。也可以人工控制，尤其是一些丛生的茅草，使用人工挖出其根部才是根本的控制方式。总的来说，将杂草控制在不与棕榈苗争夺空间的情况下即可，而地面适当地保持部分小草，可以有效地保持水土，维持生态平衡，在坡地可防雨水冲刷造成的水土流失。

病虫害方面与小苗区一样，在此不做过多讨论，在病虫害章节将介绍整体种植园中可能出现的虫害和病害。

5.3 超龄苗

超龄苗（Advance Planting Materials，APM）并不是由大龄苗在大龄苗区延长培养时间得到的，而是从幼苗区（Pre-Nursing）直接培育而来，主要是用来定植之后的补苗之用，一般培育下种量5%的种苗作为超龄苗，超龄苗在苗区一般培育18个月，而正常大苗区的种苗在12～14个月后移出苗区定植。超龄苗的实质是将同期的种苗留在苗区"待命"，待定植到大田的苗出现缺株时，再将这些在苗区

---

❶ 除草剂分触杀性和内吸性，触杀性针对一切杂草的绿色部分有效，无法直接杀死茎杆和根部，典型代表是百草枯；内吸性的需要杂草的根部吸收后在植物体内产生作用从而杀死杂草，如草甘膦和2,4-D等。

"待命"的种苗当作补种的材料，以避免用其它大苗区的种苗补苗所带来的长势不均。因此，超龄苗就是大龄苗区定植后缺株时的补种材料。

与大苗区的区别主要在：①所使用苗袋更大，超龄苗一般使用直径45厘米左右、深60厘米左右的苗袋，比大苗苗袋大出将近一倍，直接将幼苗区出来的种苗移植至这种尺寸的苗袋中，集中在苗区培育至18个月以上；②排布超龄苗袋时的株距不一样，因为超龄苗在苗区待的时间更长，生长量更大，叶子会伸展得更长更宽阔，因此，排布时，株距采用1.2～1.5米为宜。

除此之外，超龄苗区的管理与大苗区无异。

5.4 种苗筛选

一些异常的油棕苗在投产后，其产量远低于正常的棕榈树，比较幸运的是，有些异常在苗期是可以被观察到的，因此，发现这些异常的油棕苗，并予以淘汰，将有效地保证日后的经济效益。淘汰率一般取决于育种的亲本材料和花粉污染，有的淘汰率仅在5％～10％，但有时也高达40％～50％，信誉良好的种子供应商提供的种子，在理想状态下，其淘汰率在7％～9％，但商业种植园的育苗工作一般无法达到这种理想状态，加之苗区的环境条件和工作技能无法与种业公司的条件相提并论，一般推荐的淘汰率介于25％～35％。

第一轮筛选在从幼龄苗区向大苗区/超龄苗区移植时，淘汰率维持在5％左右，此次将明显异常的油棕苗弃去，如白化苗，一些与正常苗相比，明显偏大或太过弱小，留待观察至整个小苗区倒袋最后阶段再做决定，如仍未恢复正常，则淘汰。

第二轮筛选在叶片羽化后开始，一般在倒袋后第6个月，即第8个月苗龄左右进行，这轮的淘汰率一般为15％～20％。这一轮淘汰是最关键的一轮淘汰，是淘汰苗最多的一次，属于最主要的一次淘汰。以下几种类型的苗一定要被淘汰掉：

① 不正常型：形态与其它苗类似，但体形明显偏小；

② 徒长型：比其它苗要高出很多，外形笔直，往往伴生一些其它不正常症状；

③ 平顶型：新抽生的叶子展开后一轮比一轮短，无法覆盖老叶，顶部呈"平坦"状；

④ 松散型：叶片软弱，呈下垂状，看似松散无力，一般比其它幼苗要矮；

⑤ 羽化障碍型：相对其它叶片已经展开形成复叶的同龄苗，其老叶的复叶依旧连一起，整个叶片呈一片，无法裂开；

⑥ 叶脉节间过短型：叶脉上着生复叶的节间距过短，往往伴生平顶型；

⑦ 叶脉节间过长型：叶脉上着生复叶的节间距过长，往往伴生徒长型，也有可能是在苗区株距过密，为了争夺阳光而过度向上生长，不建议直接砍断，可以留作观察；

⑧ 复叶过窄型：复叶卷成针状；

⑨ 叶片展开不够：这类表现为整个叶片与茎杆的夹角较正常株过小，往往伴生复叶过窄型；

⑩ 复叶短宽型：复叶顶端不似正常株般尖锐，而是钝的，复叶也更宽、更短。

第三轮淘汰也是最后一轮淘汰，在种苗出圃定植前进行，将明显矮小的淘汰。经过三轮的淘汰，一般可以确保种苗质量。在淘汰中，宁可错误地淘汰一株苗，但千万不可使问题种苗进入大田并定植，一旦到结实期出现不挂果或果实明显偏小或者雌花无法发育成熟等异常情况，其损失是巨大的，等于从定植到收获的数年间，所有投入均毫无效益，而在苗区淘汰一株问题苗的成本要远远小于一株油棕苗从定植到产果的抚管成本。

但无论如何严格的淘汰，也不能保证万无一失，一支专业、可靠的队伍会最大限度地保证大田种植种苗的质量。这支队伍，一般由苗区主管培训一队专门的工人，在天气晴朗的清晨，手持砍刀逐排行进，一次可观察行走直线的两侧棕榈苗，如有不合格的，直接将其砍断即可，一般一人 2～3 小时可检查一个大苗区，视大苗区面积确定需培训的人数。

5.5 种苗出圃

出圃前，需要：①提前两周检查是否有根系透过苗袋的渗水孔扎入地面，摇动苗袋检查，如果有，需要修剪根系，能摇断直接摇断，否则需使用砍刀等工具修剪；②提前一周使用杀虫剂进行一次预防喷洒；③出圃前一天，彻底浇水。

在一个管理良好的商业种植园，任何物资的调拨均需要相关手续。苗圃出苗也一样，只有苗圃主管有权根据收到的文件，安排发放种苗，这份文件应该是该种植园固定格式并被各方知晓和认可的，内容包括数量、品种名、领取方、种苗去向（自用写明地块名称，出售写明客户地址和收货人）。

在种苗从大苗区装载至运输工具时，进行最后一轮淘汰，这一轮淘汰的对象可不予装运，暂留待观察。装载至运输工具中后，要合理摆放，避免运输途中跌落或各苗袋撞击导致苗袋内土壤松散挤压。

苗区主管发放种苗时应受到苗区其他人员的协助和监督，在装载过程中，对数量进行统计、核实和记录。最终，运输工具离开苗区之前，需向领取人出具相关文件（通常具有复写的副本），记录领取时间、品种名、数量、领取种苗的运输工具信息（车牌号，如果无，则记录司机姓名），由领取人和苗区主管共同签字确认后，双方各执一份。

5.6　组织培养育苗

这一育苗方法是使用某些特别优良的油棕个体作为样本株，通过组织培养（Tissue Cultivation），培育优良种苗的技术，简称组培苗。与 D×P 系的杂交苗相比，因为组织培养的过程是无性繁殖，培育的种苗又叫无性系种苗。早期的组织培养，最终是在试管中发育成完整的种苗，因此又叫试管苗。进行此操作需要精良的封闭实验室和训练有素的技术工人，从 20 世纪 70 年代即开始了这项研究，成功得到的一些组培苗，到目前经过数十年的大田观测，展现了不错的经济性。FELDA 的大田栽培显示，组培苗单公顷增产 24%～26%，单产可达 7.2～9.1 吨/公顷毛棕油。目前，除各国科研机构外，行业中多家优秀的公司亦具备该项育苗的条件和技术。

其技术原理是利用植物细胞的全能性，将特定组织或细胞（外植体）在一定条件下，经脱分化形成愈伤组织，愈伤组织经再分化，发育成胚状体，最终培育得到完整的油棕幼苗。这一技术已经广泛应用于其它作物的育种工作，比如香蕉、马铃薯脱毒苗的培育。具体到油棕，就是将油棕特定的组织从树体上分离下来作为外植体，在无菌条件下，置于加入植物激素的特定培养基中，控制温度、湿度等条件，使其脱分化，形成愈伤组织。在油棕组织培养中，为了得到更多的组培苗，通常愈伤组织不会直接用来培育胚状体，而是将其切割增殖数代后，再将其培育成胚状体，进而发育成完整的油棕小苗。因为之前的所有过程均是无菌条件下进行的，所以此时的小苗无法适应外界环境，需要经过一个驯化、炼苗的过程，逐步从无菌环境过渡到正常的环境中，使之完全适应外界正常环境，之后移栽入种子育苗使用同规格小苗袋中，经一段时间后，移栽入大苗袋中。

在油棕的组织培养中，主要优点是仅需少量的组织即可以大量繁殖子代，因为是无性繁殖，这些子代理论上与样本表现一样。但同样也存在一些不足之处，首先是变异问题，前文之所以说是"理论上与样本表现一样"，是因为实际操作中，存在变异。在早期的油棕组织培养中，高变异率一直制约这一技术的大规模应用和发展，直到最近 20 年，将变异率控制在 3% 以内，这一比率远低于种子繁殖时的淘汰率，展现了其巨大的商业应用价值和潜力。变异的另一个问题是对变异现象的识别时间，越早识别，将变异的组培苗剔除越好，但实际上，部分变异需要在种植一段时间后才会显现。其次是成本问题，组织培养在各种作用的应用上，都需要高素质的劳动力，这中间的每个步骤都是人工进行，自动化程度不高，由此带来的成本高企。最后是外植体的选取，不是所有油棕都可以用来进行组织培养，理论上，只挑取产量、出油率表现优异的油棕作为样本株，为了经济寿命，还要考虑树体的年增高量，因此，选取合适的样本株，就已经需要相当精力获取常年的观测数据；另外，理论上分生能力越强的组织越佳，但油棕全株仅一个生长点，其分生能力不错，从生长点抽生出来的花芽、叶芽分生能力也不错，但这些器官越往后发育，其分生能力在下降，因此决定了在采用外植体时，需要权衡获取的器官的分生能力和对样本的影响，实验条件下，为了组织培养，"杀死"个别油棕树可能无可厚非，但一旦用于大规划育苗时，尤其是商业生产时，不得不考虑外植体获取的成本。

经胚状体发育而来的油棕小苗，称作试管苗或组培苗，其生长环境比萌芽的种子苗更加清洁，因此，这些种苗是无法直接下地种植的，需要一个炼苗的过程，这一过程会增加幼苗的适应性和抗逆性，通过逐步的驯化，使种苗能够适应外界环境，大概需要半年左右。这一过程决定了组织苗在苗圃待的时间较种子繁殖苗要长，其主要差异在最开始的炼苗阶段，首先是在全遮阳的室内，将组培苗的容器打开放置一段时间，需要保湿，但不能直接浇水，在组培苗适应空气环境后，再将这些组培苗根部的培养基洗净，在杀过菌的沙子或者其它疏松保水介质（如珍珠岩）中培养，具体可以将这些介质灌袋后移植这些组培苗，也可以在这些介质组成的苗床上进行，在这一过程中，从高湿环境过渡到浇水保湿的环境，并逐渐适应光照。这一过程中，不需要施肥，但需要喷洒杀菌剂。这一过程极为关键，操作失误，组培苗被感染或者因湿度等造成损失，通常不是一株两株，而是成片出现。因此，在炼苗过程中，应严格遵守试管苗开发实验人员的要求。在这种小苗袋生长一段时间后，能够适应正常的光照、空气湿度后，可以移植至种子育苗时使用的小苗袋里了，其管理与前面章节讲述类似。注意开始一段时间的遮阳工作，苗形达到一定大小后，即可向大苗袋移植，其后的过程和管理与种子育苗一致，但在淘汰率方面存在区别，因为所有组培苗均来自表现良好的母株，因此，不像种子繁殖时，存在较大的遗传差别，只存在少量的变异差别，但现在的变异率很低，因此，一般的淘汰率约在2%，很少超过5%。针对特别矮小的组培苗，不能立即淘汰，而是先留待观察，在炼苗早期，可能会存在部分组培苗停滞生长，是正常现象，因此，在淘汰方面，不能像种子繁殖时，过早地淘汰矮小的种苗。

6

油棕定植及成熟前管理

在商业油棕种植园中，成熟前是指从定植到收获时为止，这一时期，又称为未成年期。针对同一种植园，可能所有地块并不是在相同的时间点全部进入成熟期，而在同一地块内，也并不是所有油棕树全部到达可收获的状况；同理，成熟期的种植园，也并不是所有地块都可以收割。又因为，无论成熟前还是成熟后，最小的管理单位都是地块（Block），因此，针对成熟前管理可以直观地理解为针对未达收获标准的地块进行管理。

在成熟前，最重要的工作就是定植并保证"齐苗"，即确保100％的定植成活率和整齐一致的长势，不要出现缺苗现象，地块内个体间的差异不要过大。在定植后的一年左右的地块中，如果各项措施得当，此时，应当齐苗，不会再出现补苗现象，接下来的主要工作就是对未成熟油棕的养护了，通过除草、施肥等农艺措施，确保能够按照规划的时间点同时开始收获，收获时间点一般与配套的工厂建设衔接恰当，不可过早，也不可过晚。另一项成熟前的重要工作，就是为成熟期的收获工作做好各项准备，比如完成必要的基础设施、道路建设和劳动力配备。

6.1 油棕定植

定植是指将种苗从苗区运输至大田，并将种苗妥善地种植到规划的定植点，并通过补苗确保大田全部被种植，没有漏种或缺苗现象。为避免定植后出现干旱现象影响存活率，定植一般选在雨季开始时进行，整个雨季中的晴朗或阴天都可以进行，但同大苗区的水分管理一样，此时，既有水需求，同时也要防涝。

6.1.1 标定

在备地结束后，可着手开始标定各定植点。这项工作一般由一个 4～6 人的小组执行。一个小组通常需要如下工具和材料：

① 指北针（可选）。

② GPS，精度 5 厘米级的手持 GPS。

③ 钢丝和布条（红色为佳）：将布条在钢丝上以规划的株距为间距固定下来，在使用过程中，应避免布条脱落或者挪动。

④ 标杆：分为普通标杆和基准标杆，普通标杆通常是约 1.3 米长的小木棍或竹竿，每公顷按种植密度的90%准备；基准标杆选用直径 2～3 厘米、长 1.5 米的木棍和竹竿，每公顷按种植密度的 15%准备，最好是一头使用醒目的颜色标记。如果从标定到定植时间不长，可以直接使用；如果间隔半年或更久，建议进行保护措施，如使用火漆或木焦油将可能插入地面的一头约 30 厘米长进行浸泡，防止腐烂。在标杆的顶端可使用有明亮颜色的油漆作标记，也可以不使用。但如果后面大田定植时，需要将两种或两种以上的品种以比较复杂的排列规则进行套种，则标杆需要以不同颜色区分各定植点上应种植的品种，这样便于工人操作。但两个品种的套种，多使用每两排一轮换的简单规则，无须以不同颜色标识普通标杆。

⑤ 卷尺：量程以 50～100 米为宜。

在平坦或者缓坡地带，在与辅路垂直的方向布置"列"，先定出一个基准点，如果之前清芭标定的堆垄等标杆还存在，应当从最近的堆垄位置确定这个基准点，以避免可能出现的在堆垄上标记定植点的情况。该基准点通常位于地块的一角，该点距路面和沟渠的距离均不得低于 2 米。以该点为基准点，使用指北针或者 GPS 准确地将钢丝沿垂直辅路的方向拉直拉平，然后，在钢丝的每个布条标记的点处插入基准标杆，第一排标记完毕；然后，将钢丝以布条的固定点为顶点，围成一个等边三角形，每条边上，被布条分割的段数相等，一般可取 7 至 8 段，将该三角形两个顶点固定在刚标定好的第一排上的两个定植点，将这个三角形中不在第一排的布条处均插入基准标杆，完成这一步骤后，可以使用目测来标定其它的定植点。在目测的定植点，使用普通标杆插入即可。

如果需要插入标杆的位置有清芭留下的树干阻挡，应当尝试搬开，无法搬离时，可将标杆插在旁边尽可能近的位置。

钢丝仅在每个地块开始标定时使用，除第一个地块外，其余地块的基准线均要从已经标定完毕的地块引入，这样可以保证油棕树最终在不同地块之间保持整齐，在油棕树封行后，有利于空气在不同地块间流通，也便于观察地块内部时，进行目视观测。

针对梯田，采用以下公式计算株距（d）：

$$d = 10000 \times d_t / n \qquad (6\text{-}1)$$

式中　d——株距，米；

　　d_t——梯田带面中心平均间距，米；

　　n——种植密度，株/公顷。

这个公式的实质是使用每棵油棕的占地面积除以梯田带面间宽度，得到一个长度。直观地理解为，在这个范围内，提供一株油棕的生长空间，这也是为什么前文提及上下级梯田带面中心距离尽可能与平地种植时的株距接近，这样，可以避免上下级梯田间的油棕树冠在成年后重叠。但无论如何安排，梯田地区最终的 SPH 要比平地/坡地小，通常根据地形灵活确定其定植点，梯田地区的株距准确度要求也不是很严格。

按照计算得出的株距，在梯田中开始定标，在平直的梯田地带，尽量使上下级梯田的定植点"骑缝"排列。在水平面弯曲的梯田中，可在下一级中视情况拉宽或加入一个定植点，所有定植点位于靠近带壁一侧。通常确保定植点内外带面宽度比至少为 1∶4，如果带面很窄，比如不足 3 米，那么，定植点离带壁的距离不得低于 60 厘米。

人力投入方面，通常一个熟练的小组一天可以高质量地完成一个地块的标定工作（图 6-1），但无论执行该项工作的小组如何熟练，在每块地块开始定标时，小区主管必须到现场予以跟踪检查，避免后期发现问题，全部重新来过。

图 6-1　定标完毕的地面

6.1.2　田间整理

定植点定标完成后可以开始田间整理，整理工作的主要目的是确保接下来的种植可以顺利进行。首先要将被较大树桩或者堆垄等挡住的定植点清理出来，之后需要清理定植点周围直径 2 米范围内的地面覆盖作物和杂草。在做定植点清理的同时，尽量将田间道清理妥当，不能出现大的坑或障碍物，以保证后期将种苗从辅道转运至定植点时，可使用小型运输工具。

田间整理中，清理被掩埋的定植点和整理田间道，可使用挖掘机进行，通过挖掘机直接在田间道上行走，来清理被掩埋的定植点，顺便还可将田间道压实，但需要注意的是，要避免此过程中将已经插入地面定标的标杆压倒。这一过程中，最好使每条田间道都畅通，如果出现困难，至少保证在堆垄、田间沟（如果已经有）等划分开的连续几排定植点中，有一条田间道是畅通的。而清除定植点周边的覆盖作物和杂草可以在此时一道进行，也可以在下一步准备种植穴时一并进行。

田间整理如果使用挖掘机进行，应当考虑地面承载力，地面过软时，过重的挖掘机可能严重损毁地面的平整度和表层土壤结构。另外，可以考虑同时进行的另一工作就是布置田间沟。根据地块不同情况，田间沟的布置也不一样，但通常以 2、4、8、16 行的间隔来挖田间沟。地块越是低洼，越容易出现涝灾，田间沟布置越密。在一般的地带，按每 1~2 公顷布置一条田间沟；而在特别低洼的地带，可能每 2 排就需要布置一条田间沟。

6.1.3　种苗准备

在定标完成后，完成标定的地块就可以开始准备种苗，以方便后面的定植。准备种苗时，其质量和对种苗的运输需要特别注意。即使在自营苗区的情况下，为田间准备的种苗仍然需要对质量把关；如果是外部采购种苗，则更需要对质量进行把关。无论自营还是外采种苗，对其质量的把控通常在苗区时就要进行，以防运输至地头后发现不合格，造成浪费；而且，在苗区发现的某些不合格情况，可以留在苗区继续观察。

一般来说，种苗质量上除前文提及的需要淘汰的苗外，还对苗的体型大小有一定要求，过大或过小都是不可行的。过小时，其抗逆性差，受杂草等影响，对后期的产量不利；而过大时，树体过重，增加了定植难度。而通常为了避免树体过大易受风害和过多的蒸腾作用影响，需要修剪，通常是修剪至 2 米以下，下层复叶完全被修剪掉；另外，其根系也更多地穿过育苗袋，扎入地下，此时，还需要修剪其根部，大量地修剪叶片、根系后，定植后，往往需要一段时间来恢复，这可能会影响后面的收获时间。通常来说，正常生长的种苗，在 12 个月时的大小是比较理想状态，此时，树体大小适宜，抗逆性表现也优良，此后，树体越大，移植时不利影响越大。

种苗的运输，通常由田间自行解决。在起运前，需要苗区配合对种苗进行处理，如前文提到的浇水、种苗修剪等工作。在出圃前一周左右，可以开始修剪，在出圃前 24 小时，浇透水。如果苗圃内部有些位置车辆无法顺利出入，将种苗提前向车辆可到达的地方转运集中，以降低车辆在苗圃的等待时间。运输至地块后，通常沿辅路依次在每两行中间卸下足够株数，在梯田或不规则的地块中，每行所需种苗数，最好是事先在对应的位置进行一下标记，以准备卸下足够的苗。在运输过程中，需要小心，禁止将根部包裹的土壤抖落或全部抖散，这对其小根的伤害很大。

6.1.4 定植

定植是指将种苗种植到标定好的定植点。定植时间上，通常是在雨季开始时，这可以避免定植后幼苗遭受干旱，如果刚定植，幼苗就遭受严重干旱，会造成生长停滞，严重时，甚至死亡。在雨季中，视种植园情况，也是可以种植的，但在雨季快结束前的 1~2 个月，不建议进行定植。另外，要求在种苗运输至地块后 8 小时内完成定植，最长不得超过 24 小时。如果超过 24 小时，或者一段时间无法下地定植，这些带有育苗袋的种苗，需要在地头笔直地摆放好，不能横放或者倾斜，在晴天的午后，需要安排人手对这些苗浇水保湿。定植步骤无外乎挖掘种植穴、放入种苗、回土几个步骤，但可能涉及施用底料等事项。

不同土壤准备种植苗穴是不一样的，但总的原则是挖出可以放入大苗袋土芯的坑，在深度上，如果考虑施用底肥的空间，则应适当加深。另外就是要考虑土质，如在矿质土等支持力较强的土壤中，深度与大苗袋高度相同或者略浅均可被接受；但在泥炭地或沙地等支持力较弱的土壤中，建议深度大些，尤其是有风的地区，这样可以减少倒伏情况。但无论土壤的支持力如何低下，等到油棕树林封行后，不同的油棕树体在土壤中的所有根系构成一个网络时，倒伏情况会大大减小。但种植过深同样也会带来其它不便，如修剪下层叶片和刚开始出现的小花❶时，会有部分叶片的根部被掩埋在泥土中，不便操作。

这种提前准备种植苗穴的安排实质是从最开始的橡胶商业种植中引用过来的，在目前的实际生产中，往往在雨季开始种苗，因此，这种措施在油棕种植上，越来越多地受到质疑，其弊端非常明显，挖好种植苗穴后，因为下雨带来各种麻烦，如穴内积水、种植穴被冲垮或者被周边冲积而来的泥土填平；如果不下雨，在天晴，

---

❶ 为避免与营养生长争夺养分，定植后两年左右，出现的花（全部雌、雄花）均需摘掉，以保证树体生长，在预定收获期前 6 个月保留花果即可。

种植穴内又容易被晒干。

因此，近年来，越来越多地使用"挖-种-理"一道进行的工序，即挖种植苗穴、定植、清理树头周围一并进行。无论是采用这种方式还是先挖种植苗穴再种植，在苗被定植之前，种苗的运输工作都是必需的。即将大苗袋运至定植点，这个过程通常分两步：①将种苗从苗区运送至地块所在的辅路上，这个过程的起点是苗区发放种苗并装车，终点是对应地块辅道。卸苗之前，地块所在小区主管需要核对苗区签发的文件，以确保正确的种苗被运送至正确的地点。通常沿着辅道，在每两排定植点的行列中间位置卸苗，卸苗数量尽量与这两排所需数量相等；如果有不同品种的苗，应在卸载点分开并标明。②从辅路运送至定植点。这一过程可使用轻型、小型的运输工具，如手推平板车、轻型履带车等，但如果不具备该条件，可人工进行。无论使用轻型履带车还是人工，应尽量保证大苗袋内土芯的完整性，不要揉碎或者打破。这一过程最终目标是使种苗到达每一根标杆附近，如果使用不同品种的苗套种，应按之前规划准确地运送，比如按照插入的标杆的不同颜色摆放不同品种的种苗。

在这两步完成后，便可开始种苗。在边挖种植穴边定植的情况下，如果施用基肥的话，需要将基肥一并运送至定植点，现场挖好一个种植苗穴，尺寸要求刚好可以将大苗袋的土芯完整放入，深度方面，施用基肥的话，应适当加深，并且在将苗放入种植穴之后，不能让苗的根系直接接触到基肥，因此，需要回填适量表土与基肥混合并隔开后，再放入种苗。如果采用先挖好种植穴再种植的话，一般要在种苗被摆放定植点前挖好坑并施好基肥，接下来的步骤都是一致的，与小苗倒袋类似，将大苗袋直接撕开，尽量确保土芯完整，将之整个放入种植穴中，回填表土，每次部分回填，压实后，再回填，直到土芯四周回填的土壤均被压实，不可留有缝隙，且与地面齐平即可。之后将树头周边 1 米为半径的范围内清理干净，尤其是攀爬性覆盖作物。清理干净后，取周边少量表土将树头周围约 30 厘米做成一个略凸起不会积水的如锅底的弧形表面。需要注意的是梯田的回填土，因为带面上的土是开梯田后新土，如果可以，尽量从原始地表的带壁上取表土回填。

定植过程中机械的运用目前多用在挖种植穴这一步，通常在拖拉机头的后部 PTO 口或者小型挖掘机的前壁处安装螺旋钻头，这也只有在矿质土等地面承载力较大的地方进行，诸如泥沼地等承载力差的土地，因这些机械行走困难，仍然多使用人工开挖种植苗穴。另外，在泥炭地上，如果土质非常松软，在定植后一段时间，通常是 1 周至 1 个月左右，可能需要使用机械压地，视倒伏情况而定，对于已经倒伏的幼苗，需要予以扶正，可能的话，需要搭建一个简易的支架防止再次倒伏。

6.1.5　大田统计及补苗

一般定植后最迟两个月，就可以观察到新抽生的叶片，这是判断定植种苗成活的最明显标志。一般在定植后 60 天内需要完成大田统计，这时候，需要使用地块大田统计图，这个统计图将在整个种植园的存在周期内使用到，一般由小区的文员制作，使用空心的圆圈按种植点排列得当，在横竖的容量上，要兼顾整个种植园中各个地块行数和每行株数的最大值。

在定植后 60 天内的统计中，在大田统计图上，按图中位置和大田中的定植点一一对应标记。第一次统计是一次全普查，只需要按"正常"和"需要补苗"实际标记即可。需要补苗的情况很多，包括死亡的、濒临死亡的、遭受虫害的、在苗圃未发现的异常株等，需要对这些要补种的苗进行标记。在一个地块统计完成后，需要对该地块做小计，包括：种植株数，需要的补苗数，并将相关数据提交给小区汇总。如果存在不同品种套种的话，在统计时标明不同品种，尽量按原种植品种补种。通常在定植 2 个月后进行一次存活统计，在后面的统计中，不再单独统计存活率，除需要统计缺株情况外。根据运营需要，可能还需要针对各种病虫害等异常情况（如倒伏等）进行统计。

统计工作结束后，需要汇总：①整个种植园的定植棵数；②统计需要补种的种苗总数。并将这个数据反馈给苗区准备种苗。反馈的结果包括需要补苗的地块编号、品种名、需要的种苗数量、该地块定植时间。这些数据需要根据各次统计结果，快速更新，以保证数据的时效性。

苗区根据收到的补苗数准备种苗。一般来说，定植后养护良好的大田中，补苗率不会超过 2%，因此，针对各个地块，补苗工作可以安排在数个月内进行，保证在定植后一年内齐苗即可。需要特别注意的是，定植后 6 个月以上的地块需要补苗的，不可使用大苗区中的种苗，为使大田所有棕榈树长势趋于一致，这时候应当使用超龄苗补种。超龄苗因为在苗区生长时间长，生长量大，起运前，一般都需要修剪，首先需要将透出苗袋扎至地面以下的根砍断，另外，可能需要将底层一些变黄失去生理作用的叶片修剪掉。

补苗的最终目的是要求整个大田齐苗，除了"补"之外，还要竭尽所能防止"缺、失、丢"苗，在刚定植的初期，引起这些问题通常是野生动物危害，如野猪、老鼠等。针对老鼠等啃食茎部的啮齿类动物，可以使用铁丝网在根部围成一个约15 厘米高的筒状，这一措施多在西非采用，在东南亚幼苗受老鼠危害较少，但如果发现鼠情，就需要定期投放鼠药，直到鼠情缓解。针对野猪等大型动物，一是在部分国家是保护动物，不可伤害或者捕杀；二是因为有一定攻击性，因此，需要谨慎处理。在园区建设上，如果有边界沟，这些大型的野生动物一般不轻易跨过边界沟；如果没有，可以使用带刺的铁丝网在野猪经常出没的边界地带做好护栏并加强巡逻，如果在项目地所在国家或地区野猪并不是保护动物，可以布置陷阱或者饵料进行捕杀。

在这个时期内，需要建立各地块指示牌，一般在靠辅路的两端各竖立一块永久的地块标识牌，使用水泥、木头等制作。至少需要记录：地块编号，如图 6-2 所示 J17；面积，一般为公顷；种植的品种名，写明商业种子名称；种植的总株数；种植时间，写明年月即可。

图 6-2　地块标识牌（印度尼西亚）

6.2　成熟前油棕养护

成熟前高标准的田间管理，可为后期带来巨大的经济效益。通常在定植后第 30 个月开始收获，根据种植实际情况，如自然地力良好，油棕树体足够健壮，可以调整至 26 个月，甚至是 24 个月；如果树体不够大，应当推迟，比如第 37 个月开始收获。树体不够健壮就开始蓄花结果，最终会影响树体的营养生长，导致后续产量跟不上，影响收益；而不必要的推迟收获，也会导致早期产量损失，直接影响收益。因此，成熟前良好的大田管理，确保适时开始收获，是整个商业种植园良好收益的起步阶段，通常这一个阶段将直接影响后续投资压力和总投资回收年限。

成熟前大田管理的重点在于杂草防控，使油棕最终成为地表上的优势植被，因此，以下重点讨论杂草防控，施肥一笔带过；而在成熟期的种植园中，通常施肥占到园区开支的相当一部分，因此，将重点讨论施肥，杂草防控一笔带过。

6.2.1　杂草防控

在理想状态下，此时的种植园地面生态系统中，油棕和覆盖作物应占据主导地位，但覆盖作物在环境适宜的情况下，会快速生长，攀爬至幼年油棕树上，覆盖住油棕树，它们也就变成了杂草。但在下列情况下，可能没有覆盖作物存活或者极少：

① 规律性存在短期涝渍的地区，对棕榈没有影响，但匍匐茎类豆科作物无法生长；

② 泥炭土区域，豆科植物极难成苗或者就没有种植豆科覆盖作物。

在这种情况下，可能就有其它植物占据地表的空间。一般来说，保留其它地表植被，一方面可以确保地表不会被雨水直接冲刷，造成水土流失和养分淋溶流失；也可遮阳，避免太阳直射土壤，从而保墒；加之，多种植物共生的一个多样性生态系统往往更稳定，不易出现急剧变化。但另一方面，这些植被在一定程度上又不可避免地与棕榈在养分、空间上进行竞争。如在西非，飞机草（*Eupatorium odoratum*）生长迅速，条件适宜时，可快速地长高至 4～6 米，高过幼龄油棕树，在空间上与油棕树进行竞争，这一类型的杂草必须予以清除。因此，早期的杂草防控其实是比较矛盾的，既不可不防，又不可将杂草除尽。一般根据不同类型杂草的表现，将杂草大致分为三类。

第一类：有益类杂草，这类杂草尺寸通常小，不足以盖过油棕，但可以为油棕的益虫提供生存条件，比如特纳草，又叫时钟花。

第二类：对生态平衡有利，但对油棕影响不明的杂草，对其采取一定的控制措施即可。

第三类：与油棕存在严重的空间、养分争夺的，这部分杂草包括木本和草本等多种植物，如有潜力成长为高大树木的阔叶植物等，草本如飞机草、白茅和假泽兰属。另外，蕨类植物也需要注意，在阴湿的环境可快速生长，蔓延至整个地面，甚至是上树。

从生态环境稳定的角度出发，如前文所述，除草的重点并不是将整个田间的杂草"除尽"，而是只要保持杂草在某一高度以下，不与油棕争夺空间，不影响田间通风和人员进出，通常被认为是可以接受的。简单地说，除草的目的就是要达到：

① 减少杂草与油棕在空间、养分和水分的竞争。前文提到，未成熟的油棕树体长势良好，才能实现高产，这意味着一切与油棕竞争空间、养分和水分的其它植物必须被控制。

② 保产量。在印度尼西亚的经验表明，在油棕成熟前，没有对杂草进行有效防控，第一年单产仅 0.9 吨/公顷；而对杂草管控良好的油棕，第一年投产时，单产至少 2.5 吨/公顷；管理优良的可以达到 3 吨/公顷以上甚至更高。因此，成熟前不对杂草进行防控，可直接导致减产，并且这一影响，在开始收获后数年才可以消除，究其深层次原因，其实还是杂草夺取了油棕的空间（接受阳光减少）和养分。

③ 预防土壤流失。杂草防控是有必要的，但要避免因过度地除草造成土壤裸露，而引发一系列问题，如土壤流失。

④ 持续而系统性的杂草防控。严格地讲，在定植前，就需要开始杂草防控了，并且在以后的过程中，将杂草与虫害、田间普查一并进行系统性监控。须知，过度地清除杂草可能导致益虫死亡，将害虫生存的杂草灭尽的话，这些害虫会直接上树，危害油棕。最终的目的，是从农学、实践和经济效益的角度出发，配合其它抚管项目，建立合理的系统性的杂草、病虫害预警系统，在此基础上，制订年度除草计划。

年度除草计划的正确、及时执行，就是为了保证油棕的生长不受杂草与之争夺空间、水分和养分。从生长空间竞争上考虑，一般在定植后 6 个月，就很少有杂草可以与油棕争夺空间了，此时重点关注的杂草是茅草、竹子、灌木和覆盖作物。从养分竞争角度出发，在定植后 15～18 个月内，需将油棕树冠滴水线内及外扩 30 厘米范围内的所有杂草予以清除，这一时期过后，树头为圆心，保证直径在 1.75～2.0 米范围内干净无杂草即可。除此之外，除草计划的部分内容是针对田间道进行的，目的是使得出入田间更加方便，不受杂草阻挡，相对来说这是最简单易行的，除前文介绍过的处理田间道上的灌木和茅草外，还需要注意的是覆盖作物，如果有匍匐茎伸展到田间道上，少量的一根两根可不予理会，建议适时将其移开以确保田间道的宽度在 1 米左右。除大田内的杂草外，其它地方的杂草，尤其是沟边的杂草，为了整个种植园的生态稳定，应当予以保留甚至是促进。沟边的杂草起到固定土壤的作用，可防止因为坍塌导致沟渠堵塞，特别是道路靠沟渠一侧的地面，如果有灌木生长在上面，固土作用更明显，但需要注意的是，应当将这些地方的灌木保持在一定高度，通常是 1.5 米左右，以防遮挡阳光，在雨季时造成路面长时间无法晒干。

除草的方法众多，在目前的农艺措施中，人工、机械、除草剂等都可供选择，但在选择时，需要衡量其效益。如茅草、竹子和灌木，这类杂草应当立即予以根治，能连根拔除是最佳方案，尤其是生长在田间道上时，更是要连根去除。这类杂草较为顽固，除草剂作用有限，如果只是单株或小范围出现，灌木和竹子等，建议使用人工，尽量贴近地面砍断。高大的灌木可能遮挡油棕树的光线，通常也是人工将灌木砍倒，如果灌木过于高大，使用小型的手持机械将其伐倒。茅草根治比较麻烦，往往在地面部分被砍掉后，还会再次抽生，因此，需要不断地监控和控制。另外，覆盖作物，只要不攀援上树，可不予以理会，但发现攀援上树，需立即使用人工，找到对应的匍匐茎予以斩断。另外，需要注意的是，人工除草有时会处理滴水线内的地面，尽量不要持续地从树头所在的中心处向外刮草，久而久之，会使树头周围形成碟状的凹地易积水，高湿情况下，易滋生真菌类病害。机械除草通常在堆垄上使用，其上的杂草可大大加快堆垄上堆积物的腐烂，分解沉降后，使大田趋于通风，也加快这些堆积物向土壤中释放养分。更重要的是，这些杂草在封行前可以固土保水，确保地表土壤不会被暴雨冲走，也不会因曝晒而大量失水。但如果堆垄及其上的杂草过高，又会影响油棕接受光照，并阻挡田间通风，此时，可使用挖掘机进行压实，这一方法通常比人工更具效率，因为堆垄难于行走，此时，使用机械作业更为便捷，但同样需要考虑地面承载力。

在目前主流的除草方案中，可以说除草剂是不二选择。在印度尼西亚的经验表明，使用除草剂比使用人工节约了数倍的开支，在人工成本更贵的马来西亚，节省更多。但使用除草剂并不代表就可以高枕无忧，没有一种除草剂可以解决所有的杂草问题，加之长期使用一种除草剂，易导致杂草出现抗性，因此，选择合适的混合除草剂，并不定时改变除草剂种类，可以有效地避免上述问题，但对决策者的要求则相应提高。

目前市场上主流的除草剂有百草枯和草甘膦，除此之外，2,4-D、绿草定等也有一定的使用。百草枯是一种广谱除草剂，与土壤接触后很快失效，因而对土壤及植物根部没有伤害，在喷洒后，仅能被植物绿色组织迅速吸收，使其枯死，是一种快速的灭生性除草剂，因为仅作用于绿色部分，因此，无法杀死杂草根部，对于多年生宿根性杂草，非常低效，但因为作用于绿色部分，因此，尽量不要误喷至油棕叶片上，尤其是幼龄树，加之可被植物绿色组织迅速吸收，因此，不要在雨天使用，有时，为了增加药效，会与一些辅剂共同使用，目的是延长效用时间；然而其对人和动物是剧毒的，进入人体后，对肺部造成严重伤害，并且无法降解，只能随尿液排出，因此对人类几乎是百分百的致死率，在油棕宜植国家和地区中，马来西亚自2015年起，已经严格控制使用，仅针对2年以下的油棕或橡胶种植园，向政府申请准证后，方可使用。草甘膦是一种广效型的有机磷除草剂，具有非选择性内吸传导特性，孟山都公司的化学家约翰·弗朗茨在 1970 年发现，其专利于 2000 年到期后，越来越多地被使用在油棕业，其商品名"Roundup""农达"，其原理是抑制植物体内 EPSPS 合成酶（5-烯醇丙酮酸莽草酸-3-磷酸合成酶）活性，从而阻碍芳香氨基酸的生物合成，达到灭草的目的，因其在植物体内降解缓慢，是非常理想的多年生杂草除草剂；也可传导至所有部位，因此，对宿根性杂草也具有杀伤作用。在孟山都发明抗草甘膦转基因大豆品种后，被广泛地使用在大豆产业中。对其毒理性一直有不同观点，可以确定的是，低剂量的草甘膦对人体消化系统有轻微毒性，产生明显症状，至少需要摄入 50 毫升以上，目前争议的焦点在其致癌性上面，目前，只有世界卫生组织明确将其列为 2A 类致癌物，随即遭到孟山都抗议、起诉。大豆行业因为使用的是抗草甘膦的转基因大豆，可以对整个大田范围内无选择性地全喷洒；但油棕植株对草甘膦毫无抗性，因此，在油棕行业中使用时，仅针对杂草作点状喷洒，严禁喷洒至油棕任何部分而引起伤害，因此，最终的产品，包括棕榈油、棕榈仁油中，没有草甘膦残留。

可以认为，所有除草剂中有效成分及辅剂都具有一定的毒性，因此，使用时，做好对人的保护措施；加之除草剂的成本昂贵，也要求存储的安全，切不可未经许可流出；同时，又要注意其最佳有效期；对于剧毒类除草剂，有条件时，建议在仓库内专柜上锁保存。

除草剂的喷洒工作，必须建立在对种植园内杂草充分了解的基础之上，综合杂草种类、生长规模、油棕树的状况，正确选择除草剂和合理喷洒方案，确保最终其成本要比其它除草方式更具效益。一般来说，要达到以下两个目标：最大限度地除去杂草，最低的物料消耗。物料包括除草剂和稀释药剂的用水，用水往往是使用除草剂成本高企的因素之一。

在准备喷洒的药剂时，田间主管必须清楚地告知操作人员配制除草剂的浓度，过高过低都会影响效益，过高不仅浪费药剂，而且可能引起中毒；过低只可以起到部分作用甚至无效，日后还需要再次喷洒。用的水必须是干净未受污染的，水中的杂质会导致喷洒设备出现故障，影响效率，尤其是使用含有百草枯成分的除草剂时，用水干净就显得尤为重要，因为百草枯与某些杂质接触后可失活。

喷洒药剂通常使用小型背负式喷雾器，设备的获取、使用、维持在目前并没有太多难处，对于目前油棕宜植区的普通劳动力稍加培训后一般都可以掌握，难处在于现场的管理和控制，漏喷、重复喷洒、分发的原药丢失等都可能发生，因此，对该项操作的现场管理者有很高的要求，尤其是使用剧毒药剂时，为防止可能的操作不当出现的中毒等现象，要求该管理者必须时刻在现场。喷洒结束后，剩余药剂要回收，设备等都要彻底清洗，一是防止药液腐蚀设备，尤其是喷头等精密部位；二是防止余液对人或动物造成伤害。

通过机械喷药，来防控杂草的尝试很多，如使用一些简单的机械，如在拖拉机PTO口上安装小型泵，将其后斗背负的药水喷洒出来，通常3～5人一个小组，一人驾驶拖拉机，其余人手持喷头随着机械的行走，向其两边喷洒药剂，此法对于杂草防控使用得不多，尤其是杂草茂盛，机械无法驶入的情况下。机械喷洒多使用在喷洒除虫剂，其原理与杂草防控类似，了解害虫种类后，根据植物保护专家意见，选用合适的杀虫剂，按适当浓度配比喷洒即可，优点在于可一次携带大量药水，大面积喷洒。又比如使用飞机喷洒，近年来，无人机喷洒成为热点。

6.2.2　施肥

在肥料使用种类和用量上，目前的农艺技术能力范围内，已经可以通过对土壤营养成分和植物营养成分进行分析，按农艺专家的意见进行配方施肥。不具备该条件的情况下，根据不同树龄的产出和生长量，补充相对应的矿质肥料即可，通常是依据经验进行。在施肥措施上，未成熟的油棕林，手工施肥依然是主流。在管理上，为了应对可能出现的施用不均匀，甚至虚报工作量等情况，需要有必要的管理措施配套。

对于成熟前的油棕树，在树冠滴水线内的圆形区域均匀撒施即可，这个区域的根系在油棕定植后18个月左右最为旺盛，之后随着树冠的形成，根系伸展并会远超出这个区域，因此，这一时期过后的施肥点，可以分布在滴水线的环状带区域内。表6-1为成熟前油棕施肥大致位置。

表6-1　树龄与施肥位置关系

树龄/个月	定植～3	4～6	7～18	18～收割
距树头范围/厘米	0～30	0～60	0～滴水线	滴水线边缘环状带(推荐,不强制)

施用肥料的种类以复合肥为主，在出现特别的缺素症状后，需要施用特定的单素肥料，尤其是氮肥，在定植后的几年，因为油棕的营养生长快速，积累量大，对大量营养元素氮磷钾的需求巨大，使用复合肥可以有效地解决这一需求，但在很多保肥性差的土壤中，如果没有覆盖作物或者覆盖作物状况不佳，可能会面临氮素不足的情况，此时，需要另外施用尿素等氮肥。除了这些大量营养元素外，微量营养元素因为土壤自然地力一般能满足其两到三年的需求，在成熟前一般较少出现缺素症状。

施肥时间大致两至三个月进行一次，不要在旱季施肥，一般安排在雨季开始前和结束前两周左右。将一年的施肥量平均分解至各次施肥中即可，在一般的地带，施用复合肥即可。在印度尼西亚的一种方案中，第一年补充 3 千克左右，第二年 7.5 千克左右，第三年 12 千克左右。如果土地是泥炭地或者沙地，可能需要调整施肥频率，少量多次以提高肥料利用率，并且还需要相应地补充一些其它的肥料，具体的营养元素作用及缺素症在第 7 章中介绍。

6.2.3 修剪

修剪是成熟前非常重要的一项工作，主要包括两方面：一是修剪掉花果（Castration），这是一种抑制生殖生长、促进营养生长的农艺措施，使树体更加健壮；二是叶片修剪（Pruning），是将没有生理功能的叶片修剪下来，保持树冠的清洁，防止滋生病虫害。这两项工作通常使用的工具都是铲刀，刀口宽约 5 厘米，直片状，长约 20 厘米，在后部连接一个长约 2 米的柄。

花果修剪方面，跟其它作物一样，油棕的生长中也存在"营养生长-生殖生长"的竞争关系，因此，此时进行修剪，将花蕾除去，将有效地抑制生殖生长，促进营养生长，使树体更加健壮和硕大，根系更加发达。具体到油棕上，如果各方面条件适宜，在定植后 15 个月左右，油棕树上即可观察到花蕾，此时通过修剪掉花果，抑制生殖生长，所形成的营养生长优势在后期可带来更大的产量，从而弥补此时修剪掉花果"损失"的部分产量。况且此时如果保留这些花蕾，一是雄花较多，另外，雌花很小时，极端情况下，会出现雌雄同花的现象，加之缺乏必要的传粉媒介，极有可能单性结实，最终形成的果实个头很小，出油率低下，经济价值不高。除花去蕾通常在现花后 30 天内进行，之后每月进行一次，直至在计划的收果时间前 6 个月停止这项工作，比如，准备第 30 个月开始收获，则第 24 个月停止这项工作。

修剪操作相对简单，一般是使用铲刀将花穗铲下，集中摆放在同一排油棕树两棵树体之间，不可摆放到田间道上影响走动进而影响其它劳动，如施肥。但在这些花蕾被铲除前，管理人员需要仔细观察这些花蕾，如果在花上已经有益虫活动的，如雄花已经开放的并观察到授粉象鼻虫，可适当保留，以供这些益虫生存；而如果这些花蕾上出现害虫，如雌花上观察到穗螟，铲下后则需要将其收集并集中处理，比如，将这些含虫的花蕾集中焚烧，或者浸入含有杀虫剂的小水塘。在这些花蕾刚出现时，很多在杂草上的害虫往往是迁至这些新出现的花上，因此，修剪花果的另一个好处是清除了部分害虫。

修剪花果可抑制生殖生长，促进营养生长，如在非洲，发现通过除花去蕾，根系增加了一倍；除此之外，也可应对一些不利生长环境，如在西非，挂满花果的油棕树在旱季有10%～15%的死亡率，因此，在当地，即使油棕树成熟后头两个旱季到来前，依然会修剪部分花蕾，以增加油棕在极度干旱条件下的存活率。

叶片修剪方面，叶片接受阳光进行光合作用，是棕榈树能量的最终来源，因此，从理论上看来，在成熟前所有的叶片都应该保留，以促进树体生长，树冠无需修剪。但在之前章节介绍过，树叶在长成后约18个月时开始衰老，2年后将失去活力，随着油棕树体的生长，尤其是茎杆的茎向生长，最底层的叶片在第18个月后进入衰老期，其消耗能量大过其本身光合作用固定的能量，或者已经在之前定植搬运过程中受损，又或者因为位置较低被喷洒除草剂时污染出现枯黄或者枯死，这些叶片均不再具备正向效应，可以修剪掉，保持一个健康的树冠。

这项工作一般在定植后第20个月进行，可以与除花去蕾一道进行，目的是使树冠保持清洁。修剪的标准为：铲去干枯、变黄等没有生理作用的叶片，铲除时，留在树上的叶柄尽量短小，但又要避免伤及树干，这样做会使叶腋位置没有空间留存其它物体，如寄生植物，同时，清理掉其它正常叶腋位置的寄生植物。通常在收获前进行一次即可，这次清理后，可以更好地观察到树冠底部的情况，包括着生的花序和果实，日后更加容易评估果实的成熟度，也更容易发现这个部分的病虫害等异常情况，最大的好处是便于日后铲果。这次修剪下的叶片统一堆放在同一行油棕树两棵的中间位置，一般将叶柄一侧朝向堆垄，而叶梢的小叶一端朝向田间道，因为这一侧没有小刺，不太容易对在田间道上行走的人、动物、机械造成伤害。

对叶片的修剪，需要留意最终整个树冠保有的叶量，因为存叶量直接影响到产量，如前面章节所述，衰老的叶片并无正向效应，因此，修剪掉老叶，使整体树冠维持一个合理的存叶量，是获得良好产量的农艺措施。在整个油棕树的生命周期内，树龄越小，留存的叶量应当越大；树龄增大时，适当减少存叶量。一方面是因为树体更加高大，减少存叶量，可减轻树冠重量；二是因为高龄树的叶片更大，减少存叶量，其有效光合面积并不减小。推荐的树龄和存叶量，参考表6-2。

表6-2 树龄-叶量推荐

树龄	推荐存叶量
小于4年	只修剪衰老或枯死的叶片
5～7年	48～56片叶（6～7轮）
8～14年	40～48片叶（5～6轮）
大于15年	32～40片叶（4～5轮）

6.2.4 大田间作

在成熟前，各行油棕树之间的空地未被遮盖，因此，存在可以间作其它农作物的条件，特别是在小农户种植时，经常会在成熟前与其它作物间作，以提高土地使用率，增加单位土地收入。在商业种植园成熟之前，可能出于对回收资金的考量或者满足种植园内部人员对于部分农产品（如蔬菜）的需求，也可能会进行间作，但这种间作往往规模很小，没有大规模进行的。大田间作，很少作为商业种植园的必须选项，在此仅作一般讨论和介绍。

无论是在东南亚还是西非，可用来间作的农作物一般较为矮小，可称为下层作物或者林下作物，这类作物种类众多，如花生、玉米、高粱、白薯、番薯、陆稻、扁豆、绿豆、牛豆、辣椒、大豆、菠萝、蓖麻、广藿香、吐根树、棕儿茶、香茅等，这些间作一般在定植后头两年进行，之后因为油棕树冠封行，阳光被遮挡，地面接收到阳光的时间很短，不利于间作作物生长。除这些作物外，木薯和香蕉有时也与油棕间作，但通常只在定植后第一年这么做，需要特别注意的是，这两类作物与油棕有着强烈的竞争关系，尤其是表现在对钾肥的需求上，这种竞争在西非更为突出。

间作的另外一种形式，并不是仅指在成熟前间作，而是降低油棕的种植密度，与可可、咖啡、橡胶等长期经济作物"终生"间作，这类间作，即在成熟前后都会存在，仅在此作简短讨论，在后文不再提及。这类间作实质是多种经济作物的混合种植园，或者说是多种经济作物种植园经济的混合，所带来的定植、施肥、收获、病虫害等更加复杂。加纳发展协会（Ghana Oil Palm Development Association，GOPDA）曾在20世纪90年代进行过"油棕-可可"间作实验，表明对油棕产量无影响，油棕的叶片和果串跌落时，对可可树无伤害，同时，可可在某些特定的油棕间距条件下增产。这类结论也很难从经济效益上进行评判，因为这两种作物都是长期的经济作物，不同作物的产品价格波动可能带来完全不同的经济回报。但理论上而言，对于小农场主而言，多种作物经营，理论上可降低风险，但对大规模商业种植而言，可能不如将项目地直接划分为两部分，一部分专门种植油棕，另一部分专门种植可可，由此带来的管理问题可能要少得多。

6.2.5 人工授粉

油棕一般是依赖微风传粉，如果雌雄花花期相同，在湿度不高的晴朗天气，对其传粉大大有利。但在未成熟前第一次留花时，往往出现雌雄花花期不一致、雄花不足和分布不均、雌花被叶柄包裹等情况，会出现部分雌花单性结实，其发育而来的果粒出油率低，没有果仁，因此，会导致毛棕油和果仁产量降低。此时，推荐进行人工授粉，又称辅助授粉，在前面章节也有提及，其操作在成熟后的油棕林也有可能使用，但仅在本章作讨论。其操作步骤如下：

① 花粉采集：寻找正在开花期的雄花，使用一张大纸或者绝缘材料做成的包，将整个雄花套入其中，摇动花柄以获得花粉。只要是健康的雄花，从任何树龄上采集到的花粉都是等效的，但雄花比例和花粉量会因树龄不同而异，一般而言，树龄越大，出现雄花的比例越多，这也是为什么未成熟前需要人工授粉的原因；花粉量上，旺产期的油棕树开出的雄花花粉最多，幼龄树和老龄树花粉量稍低。

② 花粉储存：采集到的花粉一般马上使用，也可以晒干储藏后使用。如果有充足的雄花来源，随采随用是最佳做法，可以防止因不当的储存方法导致花粉失活。如果需要储存，花粉采集后经阳光晒干，经 70 目的筛子过筛，在 38℃下充分干燥，按一定量放入塑料袋中，储存在 −18℃ 的环境中，一般可以存放一年。一般花粉需要在人工授粉前两周准备。

③ 花粉稀释：也称作花粉调配，应用于大田增产的花粉，不使用纯花粉，一般使用滑石粉进行稀释，稀释比例推荐 1∶20，在稀释之前，需要对储存的花粉的活力进行测试❶，只要有 10％ 的花粉具有活力，都是可行的。

鉴于雌花柱头捕捉到花粉后三天才能观察出结果，所以理论上，辅助授粉应每三天进行一次。但在实际操作中，因为一些原因会出现授粉时间顺延，比如天气，或者公共假日，这样辅助授粉间隔可能延长至 8 天或 9 天。在未成熟前的地块中，进行辅助授粉时，高频率往往是有利的，因为雌花被叶柄包裹，自然授粉可能性低，辅助授粉利于结实。辅助授粉的装备因树龄而异，设备类型不同，花费也各异。在未成熟前，可以使用的是最简易手持吹粉器，将塑料瓶口用纱布蒙住，瓶内装稀释过的花粉，对着雌花挤瓶身或是摇动即可，塑料瓶可换为橡胶球状容器；但对于成熟期较高大的树体，雌花位置高于 3 米的情况下，这种方法并不适用，需要借助专门的工具，这些工具都是运用伯努力原理，装在三叉口上垂直方向的花粉瓶，其内部花粉被瓶口高速流动的空气吸走并喷向雌花，但需要注意的是，在树太高，无法观察到确切需要辅助授粉的雌花时，尽量将每棵树的树冠全部喷洒到。目前，人们尝试了使用无人机等在空中喷洒花粉的辅助授粉措施，效果不太理想，主要是树叶遮挡和飞行器扰流影响。

6.3 基础设施建设及维护

在成熟前的种植园运营中，基础建设的目的是直接服务于接下来的收获期，比

---

❶ 使用发芽法测试，测试环境为 10％ 的蔗糖培养。

如，将成熟后需要高频率的辅路、步行桥等安排妥当，供铲果工人居住的房屋，在这一时期要开始逐步建设，在这一时期进行这些工作，可有效地降低前期的资金支出。所有新老基础设施的养护维护工作在这一时期应该常态化、制度化，并且贯穿整个种植园运营期。这些工作包括：

① 道路养护。对道路勤巡检，勤保养，雨季时，保持路面干燥，避免受损严重后再行维修；定期平整，在使用红土、沙石的铺装路面，一般在每年雨季来临前平整一次。

② 水管理系统养护。注意检查沟渠泥土淤塞和过度的水生植物情况，在雨季来临前，需要予以疏通；旱季来临前，应当考虑保水措施；如果存在水闸等设施，需要定期检查并保养，尤其是使用机械式升降闸门的，对于连杆等活动机械部件需要定期使用润滑油等进行保养，检查活动部件的磨损情况。

③ 桥涵检查。特别是存在使用清芭木料搭建的临时桥梁，需要定期检查稳固性和所使用材料的情况，防止因虫蛀、腐烂所导致的事故出现，如有损失，需及时在损坏桥梁两边竖立醒目标识；对于水泥结构的桥梁、涵洞、水闸等设施，出现水泥保护层破裂时，尤其是露出内部钢筋结构时，在旱季应当进行修补。

④ 步道。这是种植园的"毛细血管"，是最后几百米，因此，需要周期地检查所有步道的通畅、可靠情况。对于田间道，除草、轻型履带机器行走碾压都可以采用，如果有清芭遗留的大型硬木，可以考虑制作成步行桥，如不考虑此项，则需要将之移除，使用机械推走或者切割后运走均可。在后期使用过程中，对田间道出现的问题需要及时维护。步行桥是步道的一部分，在收获前，需要将之安放完毕，安放后，一般没有过多的养护措施，但如果出现断裂，需要及时更换。

根据种植园实际情况和进展，在这一时期合理安排基础设施建设进度，并及时发现最开始规划的不足和问题，予以更正和完善，以避免后期更大的纠结，推高运营成本。

7

油棕成熟期管理

如果从油棕树在定植后第 24 个月开始留花，则在第 30 个月左右，可以在叶腋位置观察到成熟果串。一个地块内，自某一时刻统一留花的话，并且所有农艺措施得当，地块内土壤差异不大，一般同一地块内所有油棕树在留花后 5~7 个月，果串便进入成熟期，或称产果期，即可开始安排收获。同第 6 章一样，成熟期管理的最小管理单位依然是地块。

进入产果期后，各项工作趋于稳定，此时运营的核心任务就是获取棕榈果实（或称果串）并及时运送至加工厂。如果自有压榨厂尚未建设，则需要向外销售果串，鲜果串的收割和及时运输至工厂（可能是外部收购工厂）是保证收益的重中之重。在这之中，铲果工作是良好产量的前提，而及时运输则是良好质量的保证。铲果、运输这两者与工厂良好的协作运营，是整个成熟种植园运营的核心部分，不能让工厂运营"无米下锅"，造成产能闲置，又不能让田间的果串收割下来无法运出来，或运到工厂后无法加工或延迟加工，因此，这期间的协作显得特别重要，需要经验丰富的管理者居中组织才能有效地避免失误。田间管理主要是肥水和病虫害管理，肥料主要依靠施用化学肥料和部分压榨副产物还田；水分管理依赖于水管理系统，与成熟前类似，重点在于雨、旱季变换时的水管理系统功能转换；病虫害方面，各地差异很大，部分病害往往因为缺肥或干旱等恶劣环境导致油棕抗性变差而出现，出现病害后也易伴生虫害，在成熟的油棕地块内，不可能不出现任何的病虫害，但只要控制在可控范围内，都是可行的，但如果出现大规模的病虫害，发现问题后，应交由植物保护专家接手。

7.1 收获

使用工具将成熟的果串在叶腋位置的果柄砍断，将果串及脱落、抖落的果粒收集起来，并运送至靠近辅路的某一固定位置，这便是收割的全过程。因为刚开始收获时，多使用一种平直的铲子来操作，因此称为铲果；后期会使用一种轻质镰刀，安装很长的刀把后操作，又称作收割或割果，都统称为收获。在成熟期的种植园，收获是最重要的工作，只有果串被完全收获并加工成符合市场质量要求的毛油，或者直接以符合市场要求的质量出售果串的情况下，才会取得收益；在其它情况下，无论是数量损失或者质量缺陷，都将直接导致种植园收益降低，延长成本回收时间。在成熟期的种植园运营中，收获阶段管理不当会轻易地造成10%的损失，这其中，良好的收割技巧、准确地判断成熟标准、合理的收获周期和快速及时的运输，是获取最大产量和最佳果品质量的必要条件，与之相关的劳动力（数量、技巧等）保障、运输能力保障等，都需要进行精心、细致的计划和安排。

在整个种植园系统内，所有这些因素都是不断变化的，并且有时候这些因素变化会很频繁，无论最开始制订的计划多么完备，收获工作不可能像一台计算机一样，按部就班地准确进行，只有实时掌控田间实际情况，并由管理层根据效益最大化原则，灵活调整计划，从而才能达到良好的运营和管理。因此在管理中，要求管理人员必须经常深入大田，了解和掌握第一手资料。

在果串成熟后，理论上，在最理想状态下，适时地被收获，并及时运送至压榨厂加工，可以有效地保证毛棕油产量最大化，过早和过晚收获果串都会导致出油率降低，并且果串收获后长时间没有被加工，会导致加工后毛棕油（CPO）中的游离脂肪酸（FFA）含量增加，降低毛棕油品质，最终影响其价格，导致经济效益受损。

7.1.1 成熟标准

一般情况下，果串上果粒的颜色从黑转变为橘红，部分品种是从绿色转为橘黄色，可视为成熟。这种转变从果串的顶端开始，逐渐向果柄位置"扩散"，在这个转变过程中，果实中的含油量会迅速提升，成熟之前的一周，仅具备80%的潜在出油率，目前，有些专家认为，伴随着果串上第一个果粒的松动，出油率便不再增加，这一观点目前仍有争议。但将果串顶端的果粒开始松动脱落作为判断整个果串成熟的标准，非常直观，易于掌握，已经成为大家的共识。比如在印度尼西亚，商业种植园对铲果工人的培训中，采用如下标准作为整个果串可被收获的标准：

① 树龄10年以下的油棕树上的果串，顶端至少有5个果粒脱落；

② 树龄 10 年以上的油棕树上的果串，顶端至少有 2 个果粒脱落。

但果粒的松动和脱落受诸多外界因素的干扰和影响，这个标准只是作为田间操作的一个直观参照标准。果粒松动和脱落明显受果串成熟速度的影响，果粒一般从果串的顶端开始成熟，到果柄位置成熟时，顶端成熟的果实便可能已经脱落并开始腐烂了，这个速度又受树龄、水分和养分影响明显，树龄越大越快，水分和养分条件越好越快，从观察到顶端第一个果粒变色至其脱落通常需要 10～15 天。由此带来的一个明显的矛盾是对收获时机的选择：脱落得果粒越多时铲果，这些脱落的果粒可能会导致 FFA 越高，并且收集这些脱落的果粒还增加成本；反之，脱落得少时铲果，可能后部的果粒还没有达到最大出油率，影响毛棕油产量。所以，在实际生产中，根据脱落果粒的数量判断成熟与否时，还有另外一个标准：所脱落的果粒数不得低于果串大致质量（千克）的整数部分，比如一个果串目测质量在 15 千克左右，在 15 个果粒脱落后才可铲果。这个标准并不是很精确，因工人在铲果过程中，不同个人对果实质量的目测存在差距，具有一定的误差，这一标准几乎不具有可执行性。

因此，成熟标准到目前为止，并没有一个十分精确的界定，很多都是根据种植园管理者的经验，结合当地实际情况来制定，但大多与脱粒这一现象相关。松动、脱落的果粒作为一个成熟与否的判断标准时，也带来另外一个问题，即收集这部分果粒的时间和成本，收集脱落的果粒是一项沉闷、耗时的工作，虽然不需要耗太多体力，但需要频繁的弯腰且所获不会太大，在劳动力短缺的地方，这个问题非常突出。如果要求铲果工人顺带收集这部分果粒，会导致他们偏向于铲下不成熟的果实，这一现象在按果串数计算工资时更甚，因为这项工作耗时却无法取得收入。而不收集这部分果粒导致的产量损失很轻易地达到 2%，综合考虑前期种植等成本，实际损失更多。而再安排专门人手进行这项工作时，一是需要人力投入；二是果粒可能已经脱落较长时间，收集后压榨时，不可避免地会导致 FFA 增加；三是这些果粒如果不予以收集，在打破休眠期后发育成小苗，在成熟的大田中，这种小苗可被认为是杂草，与成年油棕争夺养分，需要清除，会使后来除草成本增加，因此另外安排人手收集脱落的果粒，需要综合衡量投入与产出是否恰当。因此，就出现了不采用脱落果粒作为判断成熟与否的做法，只是简单地根据颜色判断成熟与否，当果串的颜色转变后，还未出现颗粒脱落时，即可判断成熟并将其收割，此种做法的好处显而易见，就是针对上面的一系列不足而制定的，比如无须支付收集脱落果粒的成本，不过缺点也很明显，就是果串的出油率还没有达到最大值。在矿质土地的种植园，因为果串本身的出油率可观，这种做法是可行的，但在土壤含氯较高的地带，如海边，因为高含氯土壤会使出油率降低，因此，果串刚刚变色时就立即采收，只会导致出油率更低，会影响最终的毛油产量。

基于此，对一个合格的种植园管理者而言，需要结合种植园的实际环境，分析具体效益，制定合乎实际情况，且能创造最大效益的标准，并通过对劳动力的培训，配合合理的薪酬方案，使之能够贯彻执行，从而使种植园取得不错的经济效益。

除这些正常成熟的果串外，发现以下情况也需要"收割"：①空果串，部分雌花上并没有果粒；②腐烂的果串，有些果串生长中可能受病虫害侵袭，已经腐烂，不具经济价值；③无效的花序，包括已经干枯的雄花，这些都是无效的。遇到这些情况时，这些腐烂的花果被铲下后，需要计算工作量，如果是按铲果的果串数支付薪水，则需要向铲果人员支付薪水。这些工作并不能获取产量，其实质是树冠修剪，往往将一个腐烂的果串或者花序砍断，比砍一个正常的果串或空果串难度更大，因为果柄或者花柄失水后仅存的纤维，韧性非常好，难于割断，但带来的效益是巨大的，除去了易于滋生病虫害的不利环境。

7.1.2　收获周期

在明确成熟标准后，一天中任何时间均可以收获。针对某一地块，每天对其内部每一棵树进行检查，可以最大限度地确保成熟的果串在制定的最符合成熟标准的时间点被收获，从而获得最大产量。一个地块内大约有 4000 株左右油棕树，即使劳动力相当充足，允许每天逐一对所有树进行查看并收获，地块内可以被收获的果串比例也不会太高，每个工人行走的距离会大大延长，单位劳动力的效率会相当低下，出现劳动强度高且工作效率低下的情况，伤害劳资双方利益。这种情况下的折中方案是以一个相对固定的天数间隔，周期性地进入某地块检视并收获成熟果串，确保在这个时间长度内，即使有果串成熟也不至于发展为过熟，收获单位重量的果串，工人行走距离也大大降低，这个固定的时间长度即收获周期（Harvesting Interval/ Harvesting Circle），通常介于 7～15 天之间，这个时间长度小于果串顶端着生的第一个果粒从成熟到脱落的时间。

与果串成熟速度受诸多因素影响一样，影响收获周期的因素更多，收获周期实质是在一个可接受的最近似成熟标准、田间果串数量及质量、天气状况、劳动力数量及素质、运输能力安排、工厂处理能力等因素互相作用下的复杂结果。

收获周期可影响毛棕油的产量和质量。如果周期太长，成熟果实的比例偏高，每个果串顶端的果粒脱落会导致产量损失，脱落时间过长，会导致 FFA 升高，一般在旺产期的地块，收获周期通常 7～10 天；如果存在小面积外飞地（Exclave），因为需要单独调动人力和运输工具，可能会需要 12～15 天的收获周期。

上文提到收获周期可影响 FFA 和产量，另一层意思是为了获取理想的 FFA 和产量，收获周期具有灵活的可调节性。除此之外，收获周期还应该考虑产量的季节性变化，比如在雨、旱季较明显的地区，通常在雨季产量较高，此时，收获周期应当缩短，而此时，因为天气因素，工人的劳动意愿又是问题；在旱季产量较低的季节，收获周期应适当延长，可以说，收获周期需与各月份产量相匹配。例如在马来西亚，通常最高月产量可以达到全年总产量的 12.5%，低的月份只占 6%；在印度尼西亚的一些地方，高的月份达到 17%；而西非的一些地区甚至能够达到 20%。如果种植园配套有压榨厂，收获周期还需要与压榨厂运行的产能相匹配，需要避免果串被收获后却无法处理的情况，因为这样既浪费了产出的果实，又浪费了收获这部分果串的人力、运输成本，还因果串长时间积压，造成 FFA 升高。很少出现收获周期需要与运输匹配的情况，因为运输能力是极具弹性和可调整性的环节，即使影响，也是短时期的。

因此，收获周期的灵活调整因素众多：①雇用的收获工人数量；②每天这些工人工作的地块；③工厂的压榨能力；④各地块的产量特点、产量、成熟果串比例及果串成熟速度；⑤运输能力；⑥工厂加工进展。所有这些因素可以独立影响收获周期，也可能是多个因素综合起来影响收获周期。根据特定的收获周期，对上述某些因素作出适当调整也是可能的，比如工厂的压榨能力，当某一固定收获周期下产量越来越多，并且有积压时，可能通过增加班次来提高压榨能力；在铲果高峰期，工厂压榨能力已经接近饱和，可能不得不减少采收的面积，对于减少的部分面积对应的地块，其收获周期就被延长了；而在节假日到来之前，会根据收获劳动力休息的天数适当缩短收获周期。地块的产量特点需要通过田间统计得出结论，通过对每个地块抽样，统计每棵树上的果实数、雌/雄花数，通常可以对未来 4～6 个月内需要收获的果串数做出大致预测，以便安排合理的收获周期。但无论如何调整，绝不推荐将周期延长至 21 天或更久，这一周期将导致大量的过熟果，最终的毛棕油 FFA 非常之高，出现如此长的收获周期，一般会认定为管理失败，通常是由人工短缺或者劳动效率低下引起的。

在实际生产中，收获周期的具体计算是商业种植中运营者需要掌握的。在介绍计算之前，对收获周期的表述做简要说明，任何脱离了时间维度的表述其实都是欠准确的，上文中直接表述"收获周期××天"在实际生产中规划收获时是可以的，但面对最终的执行结果，依然如此表述，则是不科学的，因此，对于收获周期科学合理的表达应该加上时间期限，比如："最近 60 天内，某地块（或某区域）的收获周期是 12 天"。

对于收获周期的计算，不同的收获面积或对象则有不同的方式，首先是针对单一地块，某一轮收获开始至下一轮收获开始则为一轮，一轮多少天，则这轮收获周期为多少天，最近两轮或三轮收获周期平均值即其实际收获周期，比如，最近 32 天收获了 3 次，则表述为"在过去 32 天中，该地块平均收获周期为 10 天"。这里需要注意的是，某一轮无论收获工作连续进行了多少天，都将第一天收获作为该轮收获的起始日。一般来讲，评估收获周期时，至少需要分析过去 30 天的实际铲果情况，如果过去 30 天实际铲果仅 1～2 次，可能需要分析更长时间段。其次是针对由多个地块组成的小区（Division）或更大对象的收获周期计算，这里面则有两种计算方法，一是将各个地块的平均收获周期平均后，作为该小区的平均收获周期，此情况在小区内各个地块面积差异不大时使用；另一种计算则较为麻烦，但更为准确，其计算方法是将该小区内的各地块收获次数（i）乘以该地块面积（s），并求和，相当于该段时间内，总共进行了多少面积的收获活动，除以小区总面积（S），得到一个平均次数，再用需要评估的时间段内天数（D）除以这个次数，得到平均收获周期（c），该方法针对小区内各地块面积差异较大时，更为准确和科学。

$$c = \frac{DS}{\sum(is)} \tag{7-1}$$

式中　c——平均收获周期，天；

　　　D——评估收获周期的时间段内天数，天；

　　　S——所有评估地块构成的小区总面积，公顷；

　　　s——某地块的面积，公顷；

　　　i——D 时间段内某地块的铲果次数。

比如表 7-1 的情况，将所有地块视为单一的整体评估对象，则评估其实际收获周期时，根据第一种方法，得到的结果可表述为"最近 30 天，该评估对象的平均收获周期是 18.75 天"；而根据第二种方法得到的结果可表述为"最近 30 天，该评估对象的平均收获周期是 10.54 天"。因此，推荐采用第二种方法评估更大面积对象的收获周期，特别是其内部存在不规则地块，面积差异明显时。

表 7-1　收获周期数据示例

序号	地块	面积/公顷	过去 30 天铲果次数
1	A11	0.45	1
2	A12	0.60	1
3	A13	1.20	1

序号	地块	面积/公顷	过去30天铲果次数
4	A14	5.00	1
5	A15	16.12	2
6	A16	24.30	2
7	A17	30.10	3
8	A18	29.87	3
9	A19	28.90	4
10	A20	32.00	3

在实际生产中，计算出的收获周期如跟计划的出入较大时，尤其是实际操作比计划要长时，则需要检讨哪些地方存在不足，致使出现这一问题。

7.1.3 收割操作

在确定成熟标准及收获周期后，收获工作将实地进行，整个过程包括将果串砍下，整齐地码放在辅道一侧特定位置。这个位置通常在堆垄两端的辅路边。这个位置在刚进入收获期前，需要整理出一个平整的平台，以免积水，这个平台称为收果平台，或收果台、果台。收果台后续也需要维护。一个完整的收获过程包含以下要点：

① 准备工具。品质良好、持久耐用、性能可靠的工具是收获工作必不可少的。收获现场使用的工具一般有刀具、取果铁钎、田间道运输工具。除这些外，还需要辅助工具，如磨刀石。刀具一般使用两种，直片状的铲刀或者近似 90 度弯曲的镰刀。需要收获的果串位置在 3 米以下时，通常使用铲刀，铲刀刀口宽度不一，树龄越大，果柄越粗，使用的刀口宽度越宽。铲刀使用木柄或者竹柄。超过 3 米高度多使用镰刀，镰刀刀身细、薄，重量较轻，但刀体刚性良好。镰刀使用铝制或者碳纤维长竿，长度一般超过 3 米。取果铁钎用来提起果串之用，有直状和弯状两种，前端很尖锐，便于扎入果串内部提起果串。在铲果过程中，一般使用弯状取果铁钎。有两个地方用到取果铁钎，一是在田间道装载果串上运输工具，二是在收获平台上将果串码放整齐。田间道运输工具一般是手推车，但有些种植园中可能是篮子、背篓、轻型拖拉机、履带车或者骡子。履带车一般在泥沼地、地面承重能力有限的地带使用。骡子一般是铲果工人自行养殖，在梯田等无法使用手推车等机械的地带使用骡子效果较好。

② 收割。经培训的收获工人在地里沿田间道按"S"形在田间道旁的两排树间

走动，按成熟标准识别成熟的果串并收割。收割下来的果串上，果柄留得尽可能短。在树龄较大时，因果柄较粗，可以将果柄处切成内凹的"V"字形，这个过程也可以在收果平台上进行。果串所在叶腋的叶片直接为该果串提供生长的物质基础，在果串被收割后，其对应叶片可以被割下并堆放在与同一行的另一棵树之间，摆放时叶柄位置不可朝向田间道，防止叶柄上的小刺扎伤过往人员或者扎坏设备。割叶这一操作针对不同树龄有不同标准，在开始收获的头3～5年，推荐保留最后一枚果实下方1～2片叶片，在收获后5年的树体上，可仅保留至最后一枚果实处的叶片。在最开始铲果的几年，此时油棕树较矮，底层叶片不可避免地会对田间道有所阻碍，干扰人员等行走，此时，可以砍掉阻挡道路的部分叶片，一并将叶片堆放在前述位置。

③ 收集。使用田间道运输工具收集果串、果粒，果串通常使用手推车等工具盛装，果粒通常会单独装在一个编织袋或者小桶中，这一工作通常由铲果工人当场单独完成，也可以安排专人尾随铲果工人进行。最终，收集的果粒和果串被运送到收果平台。运送至收果平台后，果粒单独收集在一个容器中，一般是更大的编织袋或者桶；果串一一排列在收果平台上，果柄朝上（图7-1），以便观察果柄长度，采用方便点数的方式，比如5个果串一列，排列整齐。

图 7-1　收集的果串

收获工人完成这些后，应当由当天带领这群收获工人的工头到每一个收果平台上进行检查，清点、记录果串数量，并对收割下来的果串进行质量评估，如未成熟果、果柄过长的需要加以指正、记录，一般收获工人的薪酬与这一步工作直接挂钩。果粒推荐使用手持称重计称重计酬，以增加工人的积极性。推荐使用专门的卡片记录，记录果串总数、可被运送至工厂的果串数量、生果数、腐烂果串、铲下的腐烂花序数等信息，并将副本放置在收果平台显眼处。

在收获这一环节，每一个收获工人需要做的是"行走（辨别）—收割—收集"三个步骤的工作。在行走中，每棵树都必须走到，并清楚地辨别可供收割的成熟果串，随之收割，不遗漏成熟果串，割取的果串尽可能完整，树上的果柄上不遗留果粒，禁止收割生果，此项应该严格执行，所收割的生果，出油率低下，并且还会导致未来减产。收割后，便是田间运输的第一个环节，将收割的果串和脱落的果粒运送至辅路。从劳动效率上讲，每位铲果工人因技巧熟练程度不同，效率会有所差异，但对某一位特定的工人，其效率一般是相对稳定的。对比单一收割工人劳作，边收割边收集果串和果粒，这样就不会因为收集果串和果粒而行走两遍，这样，花费在行走上的时间会减少，其劳动投入是最少的。但在实际中，因为收割技巧并不是所有工人都熟练掌握，因此，有时会安排收割工人专门负责收割，另行安排不具备收割技巧的工人负责收集果串和果粒。但工作分割得越细，出现问题后追踪原因的不确定性增加，必然导致监督工作要加强，导致增加管理投入，因此，这种细化分工不一定能带来效益的增加。但面临收获周期过长，果粒脱落较多时，短时间内无法寻找到足够多的收割工人加大收割工作强度，缩短收获周期时，安排收割工人快速收割，另行寻找不具备收割技巧的人力（可以是第三方劳力）专事收集果串和果粒，可将收获周期缩短，解决脱落果粒过多的问题。

自20世纪60年代中期，人们对机械化收割进行了很多尝试，有些取得了成功，有些不具可行性。但在成功的尝试里面，进行商业化应用很少，目前主流依然是人力为主，机械只是有限地参与，机械更多的角色是辅助铲果。

目前被证明可以大规模商业化应用的机械是独轮车，收获工人也广泛接受使用独轮车，其增加的生产力，足以平衡增加的成本，从而减少铲果成本，适用性强，非常有效，虽对修理、维护设备有一定要求，但通常均能满足。另一种商业化应用的工具是机械收割刀具，这种工具的一端由小型的汽油机驱动，另一端连接着刀具，通常是铲刀或者轻型镰刀，也有安装链锯的，通过一定幅度的往返运动达到切割果柄和叶片的目的。这种刀具已经上市，其用户多为小种植业者，大规模商业种植园较少使用。除此之外，专门在田间道上使用的轻型机械运果车也成功地开发出来，这种运果车通常有一个机械臂，也有在小型拖拉机后部PTO口加装机械臂的方案，通常操作机械臂可以将地面上的果串装载至运输工具上，但其经济性不如人力运输。除此之外，还有一些诸如索道运输和采用空吸来收集散落果粒的机械方案，可以说在人类已有的科技条件下，整个收获过程都使用机械也是可能的。但机械化的初衷是减少开支，增加产出，尽早收回投资并盈利，机械的第一要务决不仅仅是单纯的人力替代，减少人工支出，更重要的是获得比使用人力更高的效益，因此，只有在人工比使用机械昂贵的条件下，作为商业种植园才有使用机械的动机，在人力数量充足且薪水较低的条件下，商业种植园很少或没有使用机械收割果串的动机。与之相对应的是，小农种植业者，可能从减轻自身劳动强度的角度，采用一些可以负担的小型机械，比如使用小型汽油机的收割刀具。

7.1.4 短期产量预测

一个种植园短期的产量预测对于整个种植园的运营是很重要的，其结果不仅是指导收割计划制订，同时，还是工厂安排生产活动的最有价值的指导数据，还能大致计算出毛棕油产量，以便制定合理的营销政策，并有可能根据未来的产量预测，运用适当的金融工具提前锁定收益，降低风险，也可为未来运营决策提供数据支撑，尤其涉及投入的情况。

这项统计由种植园底层的管理人员协助有经验的管理者执行，这也是一个极佳的人员培训机会。一般每 4 个月进行一次，因为从开花到果实成熟需要 6 个月的时间，因此，理论上每次统计结果可对未来 6 个月的产量做出预测，但由于尚未开放的花难以辨别雌雄，尤其是树体高大时，更难观察到尚未开放花朵的性别，因此，一般只清点果串，预测未来 4 个月的产量。这样，可以对未来的产量走势做出预测，以便于选择合理的收获周期，就人力、运输做好准备，如有工厂，需要协调好工厂接收果串，以防滞期压榨，导致 FFA 恶化。

实地田间统计时，通常以地块为一个统计单元进行初始的统计工作，然后将某一种植年份的所有地块作为一个统计单元进行计算和报告。统计时，记录每棵树上的果串数，取样比例（r）一般为 5%～10%，一个比较节省人力的方案是，每 20 行，即 10 条田间道，行走一条田间道，清点其两侧的两行树即可。样本行尽量均匀分布，如果某一地块内有 120 行，不能以紧挨着的 6 行为样本。取样比例一般不得低于 5%，取样比例越大，统计结果越精确，但需要的人力越多，因此，一般无特殊情况，不推荐高过 10% 的统计比例。统计时，如果有其它的统计要求，也需要仔细检视一并记录，如对某一特定虫害的普查。

根据田间统计结果，汇总出以下数据：

① 样本内挂果数：果串总数（f）。

② 样本株数（T_s）。

上述数据中，f 是最重要的数据，是未来产量的直接来源。除此之外，还需要通过对历史数据的查询，获取以下数据：

③ 统计单元内总株数（T），可以通过种植面积和种植密度相乘，计算得出。但为了更精确地估产，推荐使用田间统计的有效株数。

④ 最近一定时期内统计对象的平均单果重（w），数据通常是根据最近一段时间工厂收到的鲜果串重量和田间记录的运送至工厂的果串数得到，单位一般是千克。最佳情况是每个地块单独计算单果重。按年份统计时，将所有同年份地块平均。

未来 4 个月内的总产量（O）可通过下述公式计算：

$$O = \frac{f}{T_s} \times T \times w \tag{7-2}$$

式中　O——预测未来 4 个月内的总产量，千克；

　　　f——样本内果串总数；

　　　T_s——样本株数；

　　　T——取样单元内总株数；

　　　w——过去一定时期内的平均单果重，千克。

O 也可采用吨作为计量单位。

取样比例之所以通过上述方式计算得到，而不是简单使用统计的行数占比，这是因为对于不规则地块，不同行的株数相差较大，这样计算的取样比例会更精确。表 7-2 是以种植年份为一个统计单位，进行统计并预测产量的报表。

表 7-2　某产量普查预测表

序号	种植年份	SPH/（株/公顷）	成熟面积/公顷	样本株数/株	样本果串数/串	单株平均果串数/串	平均单果重/千克	未来 4 个月产量预测/吨	未来 1 年产量预测/吨
1	2009 年	143	97.88	1515	5880	3.88	10.57	574.43	1723.28
2	2010 年	143	67.78	1165	4953	4.25	12.63	520.32	1560.95
3	2011 年	143	826.66	9636	68601	7.12	4.10	3452.32	10356.96
4	2012 年	143	16.80	228	1467	6.43	2.21	34.16	102.47
5	2013 年	143	92.88	1717	6919	4.03	2.43	129.87	389.62

通过这种普查，可以预测接下来 4 个月大致产量，对田间生产计划安排和工厂生产提供参考数据，其准确度可能不太精确，尤其是这种统计，并没有统计各果串目前的果龄，将统计结果拆分至未来 4 个月时，推荐使用上一年度同期各月产量比例，拆分至未来各个月份。如果数据缺失或者上一年度尚未收割，平均拆分到未来

4个月也可以考虑。无论怎么处理，这种以田间统计数据为依据的估产，肯定比人为主观的"猜测"要准确，更具说服力。

7.1.5 收获人力及薪酬管理

目前收获主要依靠人力，而高水准、有效率的收获对产量的重要性是不言而喻的，所以，对收获人力的管理将是确保产量的重要工作，同时，收获劳动力的劳作水平和管理水平也是一个种植园管理好坏的直接体现。收获人力的管理大致分为两部分：首先是对这部分人力的培训工作，其次是平时对其工作质量的跟踪评价。

培训期间需要确保收获工人正确无误地掌握以下内容：①识别成熟果串，通过颜色的变化和脱落的果粒数来判断，可快速识别未成熟、成熟和过熟果串，要特别强调只针对成熟和过熟果串进行铲果，在任何情况下均不能铲下未成熟果串；②工具及装备的保养和养护，会使用磨刀石保持刀具锋利，如果使用手推车等运输，要求掌握正确的保养，会简单地维护；③良好的收割技巧，保证在收割时，不伤到主茎，茎杆上的残留果柄上没有果粒，收割下来的果串的空果柄修剪至2厘米以内，所有果粒必须被收集；④树体修剪，叶腋位置没有果串或者存在的果串、花序已经腐烂，除修剪叶片外，这些腐烂的果串、花序也需要修剪，修剪下的叶片堆放在指定位置，留存在茎杆上的叶柄尽可能短，以免后期脱落的果粒掉落在这些位置，而腐烂的果串、花序要求运输至收果平台；⑤果串、果粒收集至收果平台，果串和果粒不应有太多伤口，不应被污染，不可夹杂大量的泥、草茎等，更不可以夹杂石头、铁块等，这些杂物一旦进入工厂生产线，可能对设备产生伤害，果串要摆放整齐，便于统计和质量检查。

培训通常由有丰富经验的工头进行，他们作为培训师，亲自示范所有操作，并确保明确无误地传达给所有的受训人员。培训工作最好找收割位置高度2米左右的油棕树进行；逐渐过渡到刚开始收割的油棕树，这些油棕树的收割位置通常不超过1米，且果柄位置在叶腋中"隐藏"得更深，收割难度稍大；再过渡到3米以上的油棕树地块，这种高度的油棕树在收割时，工具可能有所不同，技巧性更为重要。如果整个种植园只有一种收割环境，如刚开始收割，那么，只需要在这一种环境下培训即可，但后期随着油棕树的成长，需要变换收割工具或变动收割标准时，需要再次培训。对于毫无经验的劳动力，一般培训时间安排在4周以内为宜，第一周讲解、示范和纠正错误，后三周实地考评铲果作业水平。培训期间需要发放固定薪水给参加培训的员工。当变换收割工具或标准时，只需简单培训即可。

对于收获工人的考评标准包括：①遗留的成熟果实串，由考评小组进入田间进行；②没有收集的脱落果粒，由考评小组进入田间进行；③叶片修剪，没有修剪或残留叶柄过长，以及摆放不规范均不合格，由考评小组进入田间进行；④割口过深或过浅，过深将伤及茎秆，过浅，茎秆上遗留的果柄仍有果粒，这都是不合格的，由考评小组进入田间进行；⑤割下不成熟果串，由考评小组在收果平台上和田间道上进行，以防止被割下的未成熟果串没有被搬运到收果平台上；⑥果柄过长，由考评小组在收果平台上进行；⑦果串和果粒的清洁度，由考评小组在收果平台上进行；⑧工作效率，综合考察收果平台上的果串数和工作时间，可以直接用每果串多少分钟来表示。考评小组成员由经验丰富的工头和主管组成。对上述 8 项予以赋分，综合考核收获工人的技能，这其中，工作效率只作参考，优良的劳作质量需要放在首位，因为田间达到收获的果串可能有多有少，即使效率高，在田间成熟果串较为缺乏的情况下，也是徒劳。随着熟练程度的增加，效率会有所提高。

最终，在初次培训后，根据考评结果选取部分参加培训的人员作为收获工人，这批人员需要相对固定，不能有太大的变动。而考评标准需要在培训开始就讲解清楚，不可在最后因大家的考评结果定标准，这样可能会激起劳资双方矛盾。

在完成对收获人力的培训后，更重要的管理是平时对日常收获工作的跟踪评价。忽略检查或者直接不检查会导致严重的产量损失，不规范的收获操作会轻易地损失 5%～10% 的毛油产出，会导致 FFA 指标恶化。为了方便对检查中出现的问题进行追责，建议"收割—搬运—摆放"过程由一人独立完成，并在收果平台上标明收获人员的姓名或者代号，方便管理。这项检查工作通常由小区主管或质检人员执行，检查标准参考培训时的考评标准进行。

这项检查可以使用一个评分系统，将检查结果记录下来并可被追溯，经过这个系统多次考评不合格的收获工人需重新培训合格才能再次进行该项工作。除这个评价系统外，还需要对不合格项按事先制定的薪酬体系进行扣薪，铲下不成熟果串和遗漏果粒通常是较重的扣薪项。需要注意的是，前文提及过的修剪下来的空果串和腐烂的果串、花序，这些是加分项，应当被鼓励，这是一个优秀收获人员的素质体现，这些果串的数量需要被计算成工作量并支付工资，而这些腐烂的果串、花序当场直接扔掉，不运往工厂。当这项检查工作欠缺时，久而久之，收获工作的质量会大大松懈，随之而来的便是损失。

为了保证上述考评体系的顺利进行和调动工人的积极性，通常计量报酬部分为收获工人的主要薪酬来源。计量又分按果串数和重量数来计量，无论采取哪一种或者两者的结合，都是可行的，但需要注意的是，基于果串的计量，随着树体的增大增高，收获难度增大，果串也增重，搬运难度亦加大，因此，需要及时调整报酬单价基数。但无论按哪种规则，受各地块产量潜能、单果重、运输距离、地形、收割位置高度等影响，都不可能做到绝对公平，但需要确保设计的薪酬体系相对合理，既能够激发工人仅收割成熟的果串及收集脱落的果粒，同时又能够防范不合标准的收割行为。

作为收获环节最主要问题是收获周期，并确保所有收获工人在合理的薪酬体系下，执行管理人员制定的收割标准，这对管理层有很高的要求，所有的决策基本都是建立在种植园的实际情况之上，尤其是各种田间细节，并且需要经常性地重复去核实、统计这些细节，这些无疑是枯燥的，但在油棕种植园中，这些是必不可少的。除此之外，可能还要照顾到收获工作劳动力的利益，当他们在种植园居住下来工作时，对他们的管理，更像是对一个公众社区的管理，保证公平、合理的报酬是首位；其次，各项基本的生活设施还是必要的，但尽量不要过于脱离当地平均生活水平。总的来说，在商业种植园中，收获环节是确保投资回报的唯一来源，其重要性不言而喻，这一环节无论如何是优秀种植园必过的关，需要极其谨慎地对待。

7.2　果串运输

收获果串摆放在收果平台上之后，在配套建设了压榨厂的种植园，就要把果串及时运往加工厂。如果种植园没有配备压榨厂或压榨厂还没完工需要向外出售果串，收购方为了自身利益，也会有相应要求，其中最主要的要求就是新鲜，要及时运送到工厂，果串被铲下得越久，FFA 越高，对毛棕油最终的价格不利。另外，就是数量，不能在运输过程的任一环节丢失果串，如果仅是在种植园内部运输，主要是要求在装载过程中不要将果串抛至沟渠等处，如果超过货箱板高度，需要加盖罩网，防止丢失造成损失。种植园外部运输，如果是向外销售果串，最好是离园前过磅一次，防止丢失；如果是从外部采购果串，必须商定以到工厂过磅为准。

20 世纪 50 年代，马来西亚建成的油棕种植园，使用过轻型铁轨运输，这些轨道上运行的小车厢，往往与工厂看到的可以直接进入杀酵罐的箱笼一致，甚至到现在部分在那个时代开发的种植园依然在使用这套系统。后来随着汽车工业的发展，道路运输成为一个更为经济的运输方式，目前成熟的商业种植园多以道路运输为主，本节着重讨论道路运输和"田间铲果—运输—工厂"之间的协调。

7.2.1 道路及其它运输

道路运输适合短途快速运输，一般运输时间超过 8 小时，意义不大，这一点在自有种植园的果串向外销售或者从外部采购果串供应种植园工厂时需要考虑到。本小节着重讨论在配备有毛棕油压榨厂的商业种植园内，通过道路运输园区自产的新鲜果串。

这类运输一般不采用外包形式运作，往往是由种植园业主自行购置相关设施，组成运输队。所使用的运输工具一般多为轻型卡车和拖拉机，以柴油动力为主，在山地或者泥炭地，四轮驱动往往更有优势，甚至在泥炭地上考虑到地面承重，使用载重量更为低下的小型运输工具。这些车辆是运输环节最主要的运输工具，其使用、保养、维护，不仅关系到运输效率，更直接关乎成本。如果车辆较多，配备必要的简易维修棚和工具，甚至需要专职的维修技师，他们将对所有车辆的车况负责，并负责对司机进行使用和保养车辆的培训。其次需要建立相应的燃油库，尤其是种植园远离城镇的情况下。另外，如果当地相关法律规定这些车辆在种植园使用需要相关手续或执照，则还需要遵守相关法律取得相应的手续或执照。自建运输力量在基础设施不发达的国家或地区非常必要，其效率和可靠性直接关系到整个种植园的经济效益和回报；但在相关配套成熟的国家或地区，如马来西亚和印度尼西亚，采用当地优秀的承包商可能更具优势，尤其是能缓解购置车辆、维修设备和建设相关设施等资金投入的压力，避免淡、旺季导致的运力闲置、不足等问题。

运输工具可考虑的选项较多，根据种植园的路面承载能力，可灵活选择卡车、拖拉机等。一般来说，载重 8 吨左右的轻型卡车或者拖拉机是大多数种植园业主的选择。重型卡车或大马力拖拉机需非常谨慎地选用，尤其是重型卡车，在许多油棕宜植国家中，其道路设施及针对这些重型卡车的维护、保养都成问题；至于大马力拖拉机，如果种植园道路允许，允许一次拖挂多节车厢，是可以考虑的。近年来，轻型农用机械越来越多地出现在种植园中，这些机械一次仅可装载 2 吨左右，但灵活，与道路有着良好的互动关系，一方面对道路要求不高；尤其是对路面承重要求不高；另一方面，其通过路面时，对路面的损伤亦在可接受范围内，尤其是泥炭地，小型四驱农机实用性非常明显。

道路运输果串，针对轻型卡车，最普通的做法是组织 3~4 人的装载小组，使用工具将果串直接装载至这些运输工具。这些运输工具，无论是汽车还是拖拉机，目前多要求是带有自卸功能，将符合工厂加工标准的果串、果粒尽数装载，不得遗漏，不得失手将果串等抛入沟渠中造成不必要的损失。这种做法的缺陷在于装载工人可能在田间等待下一辆装载车辆前来装载，造成人力时间浪费，也有可能是另一辆车来了而前面一辆尚未装载完毕，造成车辆时间浪费。当然也可以再增加一组装载人员，这是双倍的人力支出。其操作过程如下：

① 人力、工具准备。一般 3~4 人组成一个装载小组，需要的工具有取果钢钎、小桶等。取果钢钎类似于铲果时使用的钢钎，但呈直状，用来扎取收果平台上的果串，小桶用来收集果粒。

② 装载。沿着辅路行进，在每个收果平台处停下，将其上的果串和果粒全部装入车厢，直至装满。装载时，果串通过取果钢钎扎取，然后抛入车厢中，需要特别留意力度，严禁越过车辆而抛入沟渠中。如果装载的高度超过厢板高度，需要将果串码放整齐，在起运至工厂前，条件允许的话，使用罩网封住车厢四周，以防止掉落。如果使用园区外部的公共道路运输，要留意当地法律是否规定需要遮罩防止跌落。

在此基础上，有很多改进，这些改进都是围绕提高劳作效率来进行的。第一种是使用吨袋，能盛放 0.75~1 吨的果串或果粒，这一措施通常配合重型卡车使用，即果串和果粒从田间道被搬运至收果台时，预先放入网兜或吨袋中，当卡车到达时，会使用车载的起重设备直接吊装。需要注意的是，如果吨袋有网眼，则其大小需要留意，过大会损失果粒。这一改进有诸多优点，比如果串和果粒一旦被装入，就不会再有损失，不会再混入泥土、杂草等杂物，提高了装载效率，因为购置实现上述操作的硬件成本和随之而来的维护费用，相对普通装载长年累月的装载费用，是合算的。

第二种是使用可卸货箱，这种货箱配合底盘使用，这种底盘前端配有可收放这类货箱的液压臂，底盘可以由卡车背负，也可以是拖拉机牵引，一辆底盘搭配数个货箱，这些货箱有时又被称作收果箱或者收果仓。按照田间的收割计划，将这些货箱预先卸下放置在特定的地方，使用小型的自卸收果机械预先装载，装载满后，由载有底盘的运输工具将其运往工厂。其基本步骤大致如下：

① 布置货箱：根据当天铲果工作计划，提前在特定地点安放好收果箱，一般摆放在主路与辅路交叉路口，不影响交通的位置。

② 人力、工具准备：一般 3~4 人组成一个装载小组，其中有一名司机，需要准备取果钢钎、小桶和小型收果车，最好带有自卸功能，出工前，需要检查收果车各项车况。

③ 收果：小型收果车沿辅路行进，在每个收果平台停下，装载该平台上的果串和果粒，直至装满。

④ 装箱：收果车行驶至收果箱位置，将收集的果串和果粒装载到收果箱中。如果需要超出厢板装载，需要人工将果串码放整齐，然后用罩网封住车厢四周，但不要挡住收放收果箱拖拽使用的挂钩。

这些改进的主要目的是达到使人、车都不要存在长时间的等待，提高效率和设备使用率。但无论如何改进操作方法，无论采用哪种运输工具，其标准是一致的：

① 装载干净：收果平台上不能有剩余的果串或果粒，不能混入石头等杂质。

② 为便于统计产量和不同地块的单果重数据，不同地块尽量不要混装。

③ 确保按工厂指定的接收时间范围及时运抵工厂，确保铲果后 12 小时之内运抵工厂。

装载完毕后，如果是使用收果箱操作，需要及时与底盘车司机沟通，以便及时运走装满的收果箱。装载过程中，需要对果串数进行记录，不同地块的果串不建议混装。这一数据要与之前铲果时记录的可被运送至工厂的果串总数进行对比，待运输车辆在工厂过磅后，根据记录的果串数，可以得到单果重。这一数据除了对于产量估算很重要外，同时，对于评估该地块内土壤营养状况也有一定的参考意义，这也是建议不同地块不要混装的原因。

除了道路运输和前文简要提及的铁轨运输外，有时候，水路运输也是可考虑的选项。对于种植园内部有天然的大江大河，将整体种植园分隔成数个区域的情况，又没有大桥连通的情况下，水运是必不可少的。其一次运载量大，运费相对经济，但这种情况往往伴随着多次装卸，在这种情况下，增加装卸成本倒是其次，长年累月装卸过程中，造成产量损失才是最为惋惜的，此时，吨袋的优势就非常明显了，配合适当的岸吊设备，直接避免了多次装卸时的产量损失，节省了装卸费用，增加装卸效率。

除此之外，人们也尝试过一些其它运输，比如索道，其缺点与前文介绍过的铁轨运输是一样的，就是建成后的使用效率低下。应该说，在世界范围内，目前大部分运营的种植园中，道路（汽车）运输是相对主流的种植园内物流方案。

7.2.2 运输与协作

运输作为连接田间收割与工厂生产加工之间关键的一环，加之所使用的车辆和人力可以更加灵活地增减，因此是"铲果—运输—加工"三环中弹性最大的一环，三者间高效的协作往往取决于运输，因为田间的产出和工厂的产能一直是相对稳定的，不可能出现忽上忽下的剧烈变化。一个带有压榨厂的种植园，其优异的管理：

一是表现在加工原材料的供应量上，直接表现就是在田间良好的产量，即无成熟果浪费在田间没有被采收，也没有生果被收割"充数"；二是运输及时，没有大量的果串积压在田间；三是工厂运转持续，开工率接近满产，没有出现原料短缺，也没有出现大量的果串积压在工厂。这几点的协作，是带有压榨厂的商业种植园成熟期的核心管理内容。

这三方面里面，最不具备调节性的，也是首先要关注的关键参数，就是工厂的产能，又叫压榨能力，指可以处理（压榨）果串的能力，通常使用吨/小时来表示。在种植园规划之初就根据整个商业周期内最大田间产量确定了工厂的产能，因此，工厂产能不匹配的情况一般较少出现，但一旦出现，就意味着巨大的损失。工厂产能过高，没有足够的果串供应，导致产能闲置，造成浪费，出现这一现象的原因众多，可能是起初规划时，对土地潜能的错误估计，可能是田间管理跟不上，导致损失了潜在的可能产量，但可以通过收购园区外部小农或者小种植业者的果串来弥补自有园区产量的不足；产能过低时，造成大量果串积压，长时间不处理的果串FFA升高，影响毛棕油价值，也会造成损失。

在对产能充分了解的情况下，通过前文介绍的短期大田产量预测作为依据，来安排未来一段时间的工厂运作，合理计划适合工厂的开机时间和工人班次安排，进而安排运输，这个阶段性规划一般一个月制定一次。除了这种短期阶段性的整体安排外，双方的日常沟通也非常重要，双方及时沟通接下来一段时间的工厂产能和田间可能产量，进而安排运输能力。当工厂积压果串较多时，可能需要降低次日产量以免增加积压；最严重的情况，会直接导致铲果暂停，因为，将成熟的果串留在树上比堆积在工厂的收果平台上有利，虽然这些果成熟了FFA也会升高，但其升高幅度远比已经脱离树体后堆积在一起的果串要小；另外，堆积在收果平台上意味着已经付出了铲果和运输成本，在遇到生产线突然出现故障且可能长时间无法修复的极端情况下，所有等待处理的果串可能全部浪费。反过来，田间遭遇突发情况，如极端天气、工人罢工等，也需要及时通知工厂做好应对准备。

而运输执行者（自有或第三方）根据大田和工厂排产时间来安排运输即可，一般只要不出现大面积的车辆损坏或者极端天气导致运输工具无法使用，提前制订的运输计划都可以完成。运输执行者需要与多方良好的沟通，如果运输执行者是承包商的情况下，这一点更加明显，如果出现极端情况，比如车辆损坏，当天运输能力不足而无法及时补充时，这可能导致当天田间有果串无法及时运送至工厂，这种情况下，运输负责人应当有通畅的沟通渠道，及时知会相关人员；另外，有时会出现很多运输车辆在工厂排成很长的队伍等待卸载，这直接会增加车辆等待时间，影响运输效率，出现这种情况的原因可能在工厂，如没有地方卸载或者地磅过磅慢，也有可能在运输方，没有按工厂的排产时间均匀地发运，而是集中发运；另外，可能出现运输车辆在田间等果装车。无论出现何种情况，这都是这几方面的协作出现了问题，且一般都是沟通问题，"大田—运输—工厂"管理者有效、及时的沟通形成一个良性的相互反馈，一般可以解决这几者的协作问题。

另一个重要的协作就是质量协作，但这几者协作间的好坏，更重要的是对最终产品质量的把控上。在没有压榨厂的种植园，最终产品就是对外售卖的果串，其质量指标就是工厂接收时的分级；对于有压榨厂的种植园，最终产品的质量关键指标有产量、出油率和油品质量（FFA）。这几者协作的好坏，直接关系到上述几个质量指标，短期内任何一个指标出现波动，基本都可以在"铲果—运输—加工"这三方面上找问题。而长期表现出缓慢的下降时，如产量和出油率，则可能是树体营养不良，问题出在施肥和田间管理上。

7.3　成年油棕林抚管

成熟后的种植园，其各项管理措施趋于固定。主要是两方面的管理：一是肥水管理；二是成年油棕林的抚管，主要是对杂草。这一小节，主要讨论肥水管理。施肥是因为：①产出的果串带走一些土壤中的营养元素；②油棕树体物质积累需要营养元素；③还存在部分营养元素淋溶流失。水分管理的重要性不言而喻，在前文讨论油棕的生长环境时，已经表明过水对油棕的重要性，水作为溶解各种营养元素的媒介，为油棕根系吸收提供了可能，但排水不及时造成的涝渍和过度排水、干旱都会引起生长量以及产量减少。

7.3.1　需肥特性及来源

油棕首先因为生物产量大，单位面积上相对其它作物，其每年通过收获的果串会带走大量的营养元素；其次，较其它作物，其本来体型巨大，在其形态建成上，本身的需肥量就相当巨大。表7-3数据是各种主要热带经济作物每年1公顷面积收获的产品中，含有的各种矿质营养元素含量，从一个侧面说明，油棕从土壤中吸收的营养元素，除钾与椰子差不多外，其它均大大超出其它的热带经济作物。因此，随着不断获取产量和树体不断生长，如果不予以补充这些营养元素，将导致在收获一段时间，土地自然肥力消耗殆尽后，产量急剧下降。

表 7-3　主要热带经济作物每公顷直接产品中部分营养元素含量

作物	主要产品	年产量/(吨/公顷)	养分/(千克/公顷)				
			氮	磷	钾	镁	钙
油棕	果串	25.000	93.5	11.0	92.7	19.3	20.3
椰子	椰干	2.400	40.8	6.8	99.8	7.0	3.5
可可	干可可荚	1.125	25.5	5.0	50.0	6.3	3.2
咖啡	干咖啡豆	1.125	40.0	7.3	50.3	—	—
茶	茶叶	1.359	62.5	4.5	28.3	3.0	5.5
橡胶	橡胶	1.928	19.1	3.8	15.5	2.6	—

注：可可是整个荚果直接干燥；咖啡是含果肉干燥。

需要注意的是，在其它热带作物的管理中，常常将一些没有经济价值的收获部分还田，达到部分养分还田的效果，如椰子壳和可可荚重新还田。在油棕上，可以还田的部分有修剪下的叶片、空果串、中果皮纤维、榨油废弃物、棕榈仁壳（有时在锅炉焚烧后，将炉灰还田），其中，空果串、中果皮纤维和榨油废弃物还田是良好的有机肥料，这些物料还田，在为油棕提供营养及改良土壤特性两方面均有良好效果，但带回土壤的营养元素终归有限，因此，增施人工肥料，是必不可少的种植园管理措施。在东南的经验表明，成熟的油棕种植园中，施肥所占的比例受肥料行情影响，个别年份可达种植园直接支出的 50%，包括采购肥料和施肥的人工成本，这也变相地说明油棕的需肥量巨大。

除此之外，另一个需肥特点是时间分布相对均匀，与香蕉、咖啡、可可等有一个固定的收获季节，需要在挂果前后追肥不同，油棕在成熟开始收割后，其果串收获是长年连续的，所以其肥料需求时间也是连续的。

因此，需肥量大和时间连续构成了油棕最主要的两个需肥特性，这也是油棕施肥的两个最基本依据。

与任一农作物类似，油棕对养分的需要，无外乎以下几个来源：

① 土壤。土壤原始的自然肥力是良好的养分来源，这在种植园刚开始收获的几年中，可以提供大部分的养分。土壤的自然肥力与土壤类型和地域有关，在东南亚的经验表明，一般矿质土是自然地力良好的土壤；而泥炭地、沼泽则因为透水性良好，加之这些地带多在低洼地带，土壤中有机物含量高，氮素丰富，但矿质营养元素易流失，尤其是钾肥，需要大量补充；而冲积层土壤多为沙质土壤，通常不太缺乏钾和镁，淡水冲积而来的河床地带的冲积土可能缺乏硼元素。而在西非，从塞拉利昂至喀麦隆的土层几乎都是由相同的历史地貌发育而来，因此，呈现出一些相同的化学特性，如相同 pH 值、阳离子交换能力低、通常钾含量较低、有时镁含量也较低、磷含量不高。除了地域因素外，土壤自然地力还受土地前期农作历史影

响，例如在东南亚，种植过橡胶的土地，普遍缺乏钾和镁。

② 微生物。土壤中的微生物会分解地面的一些有机物，使得这些有机物中的养分重新回归土壤，一般土壤会通过这个途径获得部分养分补充。但在油棕大田中，主要依赖的微生物是与豆科覆盖作物（LCC）共生的根瘤菌，这种根瘤菌最主要的作用是固定空气中的氮素。被豆科作物覆盖的地面，可以防止雨水冲刷；同时，覆盖作物的叶片凋亡后，会被微生物分解，能够增加土壤有机质。但在油棕封行后，覆盖作物可能会逐步死亡，此时，补充氮肥也开始变得重要起来。除了根瘤菌外，还在其它的微生物可以为油棕提供养分，除上文提到的可以分解 LCC 凋亡叶片的微生物外，人们观察到，在西非的大部分油棕仅需少量甚至不需要施用氮肥，这是一种异养固氮菌在起作用，这种细菌生活在油棕的根附近的土壤中，每年每公顷油棕通过这种细菌可获得约 40 千克氮。受此启发，已经开发出硝化菌肥上市。

③ 还田。因为油棕最终的产品——毛棕油中，主要是碳、氢、氧元素，诸如钾、镁、磷等营养元素只有少量被带走，从压榨厂出来的榨油废弃物、空果穗和中果皮纤维都是优良的还田材料，它们将在微生物的分解下，向大田返还相当一部分营养元素，尤其是钾。除此之外，修剪的叶片和腐烂的花、果被放置于两株油棕树之间的位置，在微生物作用下，其养分很快会重新释放到土壤中，这一部分主要返还土壤的是钾、镁。在复种时，老油棕树的茎杆可能会被切碎处理还田，用作新定植油棕的覆盖物，其作用与上面的叶片还田类似。

④ 空气。空气向油棕提供的主要养分是大量营养元素——碳，以二氧化碳的形式提供给叶片参与光合作用，很少会出现二氧化碳缺乏的情况。但封行后的油棕种植园，如果远离城镇等二氧化碳源，可能会面临缺乏二氧化碳的窘境，一般持续时间不会太长，前文提及的还田材料在被微生物分解的过程中会释放大量二氧化碳。如果靠近海边，海风中时常携有微小的海水颗粒，叶片会从空气中吸收到一部分氯元素。除此之外，叶片还会从空气中吸收一些硫元素。

⑤ 施肥。这是油棕养分来源的重要部分，通常氮、磷、钾肥，可通过大量的无机肥料投放来实现；而镁、铁、锰、镍、锌等微量元素，多通过向氮磷钾组成的复合肥中添加这些营养元素的一些成分，以油棕专用肥的面目出现在市场上，但受制于这些营养元素在复合肥中的组分比例低，以及可能的混合工艺缺陷，效果可能不会有我们想象的好。近些年来，这些微量营养元素肥料，越来越多的以叶面肥或者特效肥的形式出现，这里面有些叶面肥可能是水溶性无机肥，也可能是有机螯合肥、缓释肥。

7.3.2 营养元素种类

油棕含有的营养元素种类众多，一般以第 17 号叶片的分析化验结果中含有的营养元素含量分类，可分为大量营养元素和微量营养元素。大量营养元素包括：氮、磷、钾、镁、钙、硫、钠、氯，这些元素在第 17 叶中的含量往往大于 0.1%；低于这个含量的，称为微量营养元素，包括锰、铁、锌、铜、硼。这些元素对油棕的生长均有重要作用，缺乏时，大部分元素的缺素症可以明显地观察到。

氮（N）：植物体内绝大多数化学物质里最主要的成分，氮元素在油棕体内起着极为重要的作用，如在 DNA、蛋白质、氨基酸中，氮都是必不可少的重要元素，氮一般占到叶片的 2.5%，如果缺乏这种元素，油棕叶会呈黯淡的绿色。氮在油棕体内是可转移营养元素，会从老的组织向新生组织转移。轻微缺氮，可以观察到新生小复叶逐渐变小并开始向下卷曲。氮素再进一步缺乏时，老叶先表现出症状，进而影响新叶至整颗油棕。最先表现的现象是颜色变成暗绿色，随后加重，逐渐变成苍白色或者明黄色，同时，叶柄组织变成明黄或橙色，小复叶的叶脉根部膨化部分也出现褪色，最终叶柄和叶脉全部变成黄色或橙色。到最后阶段，因枝叶枯萎而出现紫色或棕色，通常是由叶尖向后发展。经排查如果没有对氮肥需求性极强的杂草作物与之竞争，可以确定唯一原因就是土壤中氮素缺乏，轻度的褪色现象，施用氮肥后两到四周内可以缓解和消除，最好使用硫酸铵而不是尿素以避免挥发损失。但硝态氨可能在某些国家是违禁品。

磷（P）：与氮类似，也是生物极为重要的构建元素之一，参与膜结构、DNA 构建，磷元素的缺乏，将导致生长减慢。磷对根部发育至关重要，叶片中，一般占到 0.165%。但缺磷并不会有太明显的现象，土壤中极端缺磷时，定植的新苗基本上没有任何生长迹象，直到施加磷肥。缺磷虽没有明显症状，但土壤中磷元素不充足的迹象，可以从周围的草本植物中观察发现，其略带紫色的褪色一般都说明这一带土壤中缺乏磷元素。

钾（K）：油棕的各个部位均大量存在，尤其是在果穗、纤维和果壳内，树干和叶柄是钾最主要的储存组织，全株油棕中，钾总量的 54%~79% 存在于树干和叶柄中，只有 3%~10% 在羽状小叶中。钾不是与新陈代谢相关的重要元素，钾影响油棕体内多种重要的生化反应，比如光合作用和蒸腾作用，通常认为钾可以增加抗逆性，对作物体内物质运输有着重要作用。所以，缺钾时，一方面油棕的抗旱和抗病性会降低，加之钾元素在植物体内物质运输中的作用，因此，光合作用同化产物向果串运输受到不利影响，导致果串膨大不够，致使单果重下降，对产量不利，同理，影响出油率，会导致"双降"。但因为钾肥的需求量不像氮那么高，因此，施用量不大，甚至有时依靠土壤自然肥力可以支撑数年，比如在沿海的地带，可能在 6 年或更长时期都不需要施用钾肥，但在内陆，土壤自身含有的钾元素可维持两年左右，因为自然地力的差别，缺钾症状在西非比在东南亚更常见。一般第 17 叶中钾含量在 1％左右，降水增加时，观测到的这个含量会下降。同时，钾元素还存在与其它阳离子的拮抗作用，如铵离子、钙离子、镁离子，土壤中这些离子浓度过高时，会影响根部对钾离子的吸收，也会出现缺钾症状。最常见的缺钾症状是出现橙色斑点，一般在老叶的复叶最先出现，在叶脉的两边对称出现，然后再在嫩叶上出现，开始是矩形，后期变成圆形或者不规则形，颜色变成明黄或者橙红。当斑点变得密集时，叶片即将坏死，最后整片叶子呈锈褐色、易碎，最后干枯。有时也会是老叶突然枯萎，之前不出现斑点和褪绿。但需要注意的是，在多数油棕上都可能发现黄色斑点，这不一定是缺钾引起的，可能是基因突变或者病虫害侵袭；也不一定说明整棵油棕树缺钾，因为钾是可转移元素，老叶上的黄斑可能与钾素流失向新叶转移有关。只有连片的橙色斑点与钾素缺乏有重要关联，症状的严重度与油棕叶缺钾量呈正相关。任何缺钾导致的损伤都是不可逆的，只能监测在施用钾肥后，会不会继续出现其缺素症。严重的缺钾状况下，建议每株施用 3～4 千克氯化钾，观察缺素症是否缓解，6 个月后取叶样分析。如果缺素症状没有缓解，必须对土壤理化性质进行分析，了解与其它土壤阳离子有无严重的拮抗状况，在排除这些状况后，可以加大施肥量。

镁（Mg）：除了是许多酶的组成成分外，最重要的，镁是叶绿素必不可少的成分，叶绿素中的镁占到整个叶片中镁含量的 6％～25％；除这些作用外，镁还在油棕体内调节 pH 及离子浓度平衡，参与一些蛋白质的合成。镁元素很容易从表层土壤中流失，尤其是轻质、酸性沙土等类型的土壤中，在从地表往下 40 厘米的土层中往往含有很多镁，因此，在调查种植园土壤成分时，至少对 80 厘米深度的土壤进行分析，过浅取样，会导致调查的结果不准确。缺镁的初期症状是在老叶片的复叶某些部位出现扩散的橄榄绿色或赭色区域。随着感染区域的扩大，颜色先是变成亮黄色，然后是深橙色。黄色可能在复叶的任何部分出现，但通常从复叶的叶尖后面的 10～12 厘米处开始。另外一个明显的诊断性现象，是观察被阳光照射叶片和长期被其它叶片遮挡的叶片的区别，被遮挡的叶片上，不会出现褪绿，仍然是深绿色，而与之明显对比的是，阳光直射的叶片呈黄色或橙色，最早出现黄色的复叶几乎无一例外的是整个叶片叶梢部分的复叶。在第 17 叶含镁低于 0.20％时开始出现缺素症，缺镁情况严重时，三分之一到三分之二的树冠可能死亡，但树冠顶部剩余的叶体仍然是深绿色，因为镁是可转移元素，最先表现出缺素症的是老叶部分。出现缺素症时，通过每株施用 2～5 千克硫酸镁肥补充镁元素即可。与缺钾不一样的是，缺镁是可逆的，在施肥后两到三个月会初见成效，但完全恢复，至少需要 6～12 个月。同样在某些存在与镁有严重拮抗阳离子的土壤中，缺镁可能无法通过施肥解决，此时，叶面肥可能是更优方案。如果严重缺镁已经导致叶体大量死亡，应将已经死亡的叶片修剪掉，以便油棕正常生长和生产果实。

钙（Ca）：主要聚集在叶片中，这种元素的主要功能是组成细胞壁；另外，果粒中的草酸钙结晶中也有钙，其对根部生长也有着重要作用，在细胞内生理调节上，可抑制钾离子活性，还可能影响氮的吸收。与之前介绍的钾、镁不一样，钙是不可转移元素，几乎不从老龄组织向幼嫩组织移动，所以幼嫩组织通常比老龄组织的含钙量低，一旦出现缺素症，是先表现在细嫩组织上，但一般比较少出现缺钙症状。在东南亚多地实际生产中，尤其是腐殖质较多的地区，使用钙肥的目的更多是调节土壤酸性，而不是补充钙肥。

硫（S）：在油棕的研究很少，但硫是某些必需氨基酸的组成成分，这些氨基酸构成各种蛋白质，部分蛋白质对光合作用同化的产物转化成油脂有重要作用。因此，硫元素极具重要性，但一般很少出现硫的缺素症，是因为在施用其它肥料时，往往会使用硫基肥料，如硫酸铵，这无意中为土壤补充了硫元素。一般 17 号叶的硫含量为 0.25%，低于此值时，会出现缺素症，与严重的缺氮症状相似，叶片明显变黄，但缺硫时，复叶叶尖在褪绿时，还伴有往后延伸 2～3 厘米的红色色变。硫的缺素症通常在种植后头两年内可能出现，因为易与缺氮混淆，所以，施用其它肥料时，最好使用硫基肥，如硫酸铵，这样可以省下单独施用硫肥的劳动力投入。

钠（Na）：在油棕形态建成和生态学中的作用研究很少，所见的报道不多，但该元素在油棕内的含量较大。它可能参与细胞液浓度的调节，从而调节渗透压，将干旱的影响降至最小。

氯（Cl）：在其它作物中，往往归为微量元素，但在油棕叶片中，其含量与镁、硫、钠的含量相当，可归为大量营养元素。油棕叶片中的氯离子运动与气孔相关，因此氯元素很可能在渗透压调节中起着重要作用，所以在抗旱性和抗病性方面起着重要作用。与硫元素类似，施用钾肥时，有时选择氯化钾，这就伴随着施用了氯元素，所以，很少观察到出现氯的缺素症。但与其它元素不一样的，氯元素在油棕中含量过低时，在第 17 叶中氯含量低于 0.1% 时，会直接影响氮元素的利用，对产量不利；而高于 0.55% 时，会导致出油率降低，使毛棕油产量降低。远离海岸线的地区，较容易出现氯的缺素症状。

除了上述这些元素外，其它的元素在第 17 叶中的含量均小于 0.1%，虽然在油棕中的含量少，但也起着至关重要的作用，但这些元素对油棕生长的作用并不是很明确，在此仅作一般性介绍。

锰（Mn）：是植物叶绿体的必需元素之一，是光合作用过程必不可少的元素。锰和铁具有拮抗性。在第 17 叶中的推荐含量介于 20～500mg/kg，低于 35mg/kg，开始出现缺素症，但不会太严重，一般表现为细嫩的叶片复叶变短，叶脉失绿；低于 12mg/kg 时，出现严重的缺素症，如部分羽叶起皱，在极为严重的情况下，嫩叶会出现坏疽并死亡。严重时，树荫变小、褪绿并失去生命力。复叶更短，羽叶从顶端开始枯萎，同时伴有叶脉失绿斑产生，这些部位都随症状加重而坏死。在极端严重的情况下，未展开的叶体和嫩叶开始坏死，整体嫩叶和幼龄叶枯萎。缺素症通过叶面喷施 1％～2％的硫酸锰缓解。

铁（Fe）：在叶绿素构成中起作用，但并不是叶绿素的组成成分，在许多呼吸和氧化酶系统中起催化剂作用。在第 17 号叶中的含量 50～250mg/kg，低于 50mg/kg 时出现缺素症，其缺素症相当少见，出现时，一般是细嫩叶片的复叶叶腋缺绿，然后整个复叶变成浅黄色，进而出现白色斑点并干枯，随着症状加重，整体生长滞慢，影响到整个树冠，直到油棕完全死亡。出现缺素症状时，一般通过喷洒硫酸亚铁叶面肥溶液加以改善，这将使其重新变绿。特别注意的是，直接撒施硫酸亚铁肥料至土壤中效果往往不佳，而喷施叶面肥也只能暂时缓解症状，最有效方式是使用硫酸亚铁和活性剂灌根，如硫酸亚铁和柠檬酸的混合液。

锌（Zn）：在油棕生理中的作用很多，与叶绿素和蛋白质的构成相关，同时还是很多酶系统的催化剂，促进对氮、磷、钾和铜的吸收。缺素症通常出现于泥炭地上，常常伴随缺铜。第 17 号叶的适度含量约为 15mg/kg，通常可以发现的范围是 25～150mg/kg，但通常认为第 3 号叶能更好显示锌含量状态。缺素症最先出现在完全展开的新抽生叶片上，其复叶上出现淡绿到发白褪绿条纹，从复叶顶端向叶柄延伸 5～8 厘米，恶化时，会导致整个复叶背面变成暗黄色或黄绿色，下面为明亮的橙色或褐色，当长时间缺乏时，老龄叶体大面积枯萎，茎秆不再增粗，向上生长停滞，新生的叶片尺寸小于平均尺寸，但没有畸形。资料表明，在东南亚较少观察到缺锌症，这种现象较多地出现在南美。出现缺素症时，向叶片喷施 1000～3000mg/kg 硫酸锌溶液，每年喷施两到三次，喷施后三到六个月内恢复正常。

铜（Cu）：是某些酶的组成成分，参与很多生理活动。铜缺乏时会导致"小叶"的形成，泥炭地和砖红壤易出现缺铜，往往伴发缺锌。对第 17 号叶分析显示铜含量约为 5mg/kg。与锌类似，出现缺素症时，树冠中部刚展开的新叶最先表现出症状，出现黄绿色或褪绿斑点，斑点逐渐汇合在一起，使羽叶变为黄绿色，在末梢的褪色现象尤其显著，但叶腋周围的组织仍然保持绿色，随着缺素继续，最为严重时，顶端的生长锥受到不利影响，导致整个油棕死亡。出现缺素症时，通过叶面喷施 200mg/kg 的硫酸铜予以改善，或者每株撒施 2.5 千克硫酸铜。在印度尼西亚的泥炭土中，因为易出现缺铜，在定植一段时间后，往往采用一次性施肥，将硫酸铜和黏土以 1∶1.5 的比率混合，做成 0.75～1 千克重的球体，将这些球体晒干成形后，在油棕根部附近穴施两粒，这样可以在种植园中头三年提供足量的铜。

钼（Mo）：在油棕内，是处理硝态氮的酶蛋白所必需的成分元素，但没有发现显著的缺钼症。含量水平通常为 1mg/kg 或更低，但过量的钼素会出现钼"中毒"，抑制生长。

硼（B）：在许多植物中认为与结实有关。在全球各油棕宜植区，油棕体内的含硼量差异巨大，因此，对缺硼尚没有明确的量化界定，一般第 17 号叶的含硼量为 10～15mg/kg；但在苏门答腊北部，含量仅 4～5mg/kg，未发现任何明显的异常生长现象；而在哥伦比亚，通常测量的含量为 25～30mg/kg。因为硼元素通常存在于较深的土层中，所以，刚定植的油棕易出现缺素症，其症状较多，总的来说，是叶片前端的复叶出现异常，如这些复叶出现 5～10 厘米的"折断"，或者很短，或者复叶的叶尖呈圆形状，这些症状不会同时出现，往往各地区出现的症状不一样，可能跟油棕的遗传因素有关，也可能与其它元素水平含量有关，但这些都是缺硼的中间状态，通过施肥，可以缓解或者解除。缺硼时间过长时，首先会抑制生长点，并最终腐烂，进而整株油棕树死亡。在东南亚的大田管理中，一般第 17 叶含硼低于 10mg/kg 时，会施用硼砂防止出现缺素症，如果已经出现缺素症，施用后，恢复期根据严重程度需要 6～18 个月。

油棕的需肥种类大致就是这些，通过一个合理、经济的施肥方案，保持各营养元素平衡，满足一定时期内油棕对各种营养元素的需求，是保证种植园经济效益最大化的必要措施。

7.3.3 施肥依据

施肥的物料和人力投入占到成熟期种植园运营成本的相当一部分，在具备化学肥料产业链的国家，至少占到 30%，在缺乏化学肥料产业的国家，能够达到 50%，这只能通过增产的收益来回馈。因此，对于施肥必须慎重，缺肥固然不好，但过多也是浪费，有些营养元素过多会产生"中毒"，因此，合理的肥料种类和精确的施用量是施肥工作首先要明确的。

确定施肥种类和数量的第一依据永远是种植园的实际情况。如果我们视任意年份当年的养分是充足的，那么，下一年的施肥其实就是针对上一年产出带走的养分和植物在未来一年生长中物质积累所包含的养分，通过人工施肥向土壤进行补充，以满足植物需求，在补充中，要考虑土壤尚存的营养元素余量和肥料利用率。因此，至少有四个因素直接与确定施肥种类和数量相关：①产量——产品带走多少，通常按各地块分区统计产量总数、单果重和出油率；②树龄，根据经验，可预估其年生长量，从而评估树体生长需要多少营养元素；③土壤营养元素化验数据——土壤中的营养元素尚存多少；④土壤及环境——与肥料利用率有关，如高温天气某些肥料易挥发，导致肥料利用率降低，而沙质土壤中养分易流失，利用率也不会太高。在最开始收获的几年中，微量元素一般不易缺乏，应多关注大量营养元素。综合考查这四方面的数据，很容易发现问题，树龄相近的油棕地块，很容易通过单产、单果重和出油率的差异发现问题，这时候，结合土壤营养元素化验数据很容易得出需要补充的肥料种类，果串产量和树体生长量按经验很容易得出大致的施肥数量。需要特别注意的是，叶片分析化验数据的应用，其养分分析，通常不作为大田施肥的依据，而是在出现原因不明的缺素症状后，使用这一数据来查找植株体内缺乏何种营养元素，一般出现这一问题，极有可能面临整个种植园普遍的轻微缺素症状出现。

确定种类和数量后，接下来根据肥料供应市场情况选择合适的肥料。特别注意的是，油棕种植的宜植区并不都是化学肥料工业发达的国家或地区，往往面临可选用的肥料供应商有限，有时会面临工厂产能不足，或所在国家或地区，根本就没有肥料生产商，需要等待排产，甚至是进口。此时，根据一个非常好的施肥计划，提前制订好采购计划就显得更为重要，这通常要综合考察市场供应能力、产品价格、所需数量和物流保障等，最终确定肥料种类。往往不同的肥料因包含另一成分而使价格大相径庭，如尿素、磷酸铵和硫酸铵都是氮素肥料，氯化钾和磷酸二氢钾都是钾肥，但价格是有差异的，有些可能含有两种养分，应当将单个养分分别核算成本，还要考虑可节省一些物流和人力成本；除此之外，还要考虑土壤成分，比如碱性土壤，施用氨态氮，会使铵离子经反应生成氨气挥发，损失相当一部分氮素。

氮肥种类较多，油棕常用的是尿素和硫酸铵，在理想环境下，不同氮肥的效果差异很小，但考虑到温度、水分、土壤含钙量、土壤酸性及土壤的黏性等因素后，硫酸铵的效果要优于尿素。这是由肥料利用率决定的，因为尿素在高温中更容易挥发，通常尿素的挥发率在 10% 左右，而硫酸铵不到 0.5%。尿素的优势是便宜，如果要使用尿素，推荐雨后施用，穴施更优，并使用大颗粒尿素。

磷肥选用时，需要注意磷肥的可溶性，一般分为不溶性、酸溶性和水溶性磷肥，因为磷肥的农艺学价值取决于许多因素，其中就包括磷肥在土壤中的可溶解性，最易溶解的磷肥是过磷酸盐。目前大部分磷肥是开采的天然磷矿经粉碎后得到的，这些磷肥中含有磷酸盐，如磷酸钙和重过磷酸钙，在 pH 小于 6 的土壤中，这些磷元素会被很快释放出来并被油棕利用；否则，其利用率不高；并且，钙过多时，易造成土壤板结。

钾肥选择性不多，几乎都是氯化钾，其也提供相当大数量的氯。还有其它的钾肥，但较氯化钾，成本都高。比如硫酸钾，含钾量为 48%～52%，但价格较高；另外就是硝酸钾，含钾量为 44%，含氮量 13%，但具有危险性，在很多国家被禁用。除此之外，如果工厂锅炉使用果壳作为燃料，其充分燃烧后得到的炉灰，是一种非常优良的钾肥。

一般来说，选择合理、性价比优良的肥料，并确保这些肥料被准确地施放，是对油棕种植园管理者最基本的要求，这要求他们对植物营养理论有一定的了解和掌握，掌握各种肥料的有效成分和适用条件，并能根据当地肥料供应市场、物流，甚至是可能的进口、清关、物流等工作，合理安排该项工作，以最低的成本，既能满足油棕的养分需求，又能取得经济效益的最大化。目前，可供选择的主流化学肥料如表 7-4 所示。

表 7-4 主流化学肥料主、次要养分及含量

肥料名称	主要养分		次要养分	
	名称	含量/%	名称	含量/%
尿素	氮	46	—	
硫酸铵	氮	21	硫	
氯化铵	氮	25	氯	
五水硫酸镁	镁	26	硫	
过磷酸盐	磷	18～20	钙等	28
重过磷酸盐	磷	36～40		
磷酸盐	磷	48	—	
氯化钾	钾	60	氯	
硫酸钾	钾	48～52	硫	
硝酸钾	钾	44	氮	13
硫酸钾镁	钾	26	镁	9

注：氮以 N 比例计算，磷以 P_2O_5 计算，钾以 K_2O 计算。

氮、磷、钾肥是目前农业生产中使用最多的化学肥料，也是油棕种植中使用最多的化学肥料，通常以复合肥的形式施用。除此之外，补充其它营养元素很少通过专门的施肥，往往是往所施用的复合肥中添加对应的成分。在油棕施肥应用中，最明显的应用就是镁肥，几乎不存在单独施用镁肥，而是使用钙镁磷肥，它是一种天然的磷酸盐矿石，粉碎后直接施用，一般在使用磷肥的时候选用这种肥料，可以对镁同时进行补充，也可以在生产复合肥时，选用这种磷肥作为组分，来满足对镁肥

的需求。

　　表 7-4 中这些肥料通常都是单素肥料，现在越来越多的油棕专用复合肥或者复混肥料被开发出来，最常见的是组分为"N-P-K-Mg"的复合肥或复混肥，比例根据适用的土壤和地区不同而异，比如 14∶7∶9∶2.5 或 15∶15∶6∶4，除此之外，还有一些会加入硼等其它微量元素成分，因为这些肥料基本考虑了油棕的需肥特性，涵盖了所有的大量营养元素，其优点很显而易见，包含多种营养元素，可最大限度地满足油棕对多种矿质元素的需求，尤其是在未成熟前和刚开始收获的一到两年。但缺点也同样明显，这样施肥可能会对土壤中已经大量存在的元素再行补充，一是造成不必要的投入，二是可能会打破土壤中各元素的离子平衡；另外，尽管这些肥料含有大部分大量营养元素，但要从种类和数量满足所有需肥要求，是不太可能的，某些复合肥不含有的单一养分，需要专门的肥料来补充，因此，也有观点倾向于使用单素肥料来满足油棕生长对不同肥料的需求。表 7-5 是印度尼西亚针对矿质土壤的一种单素肥料使用方案，但这种方案往往意味着更多的施肥次数和更多的人力投入。

表 7-5　印度尼西亚一例针对矿质土壤种植油棕的施肥方案

树龄	肥料种类及每年用量/(千克/株)				
	尿素	磷肥①	钾肥②	镁肥③	共计
3～8 年	2.00	1.50	1.50	1.00	6.00
9～13 年	2.75	2.25	2.25	1.50	8.75
14～20 年	2.50	2.00	2.00	1.50	8.00
21～25 年	1.75	1.25	1.25	1.00	5.25

① 折 P_2O_5 成分约 36%。
② 折 K_2O 成分约 60%。
③ 硫酸镁。

　　根据之前的依据，将各类肥料及用量明确下来，一般需要具体到地块或对应的种植年份，通常是根据定植年份，将某地块所需的全年肥料总量计算出来，并根据当地多年的气象资料和肥料时效性，将总需求量分解到全年的多次施肥中，施肥的频率在成熟油棕种植园中一般是一年 3～4 次，并据此制订大致的施肥进度计划表，在成熟的种植园，施肥计划往往是随年度预算一并制订的。最终的结果显示在一张表中，表中需要详细标明地块编号、肥料类型、每种肥料所需的数量以及使用时间。这张表应与田间的实际执行进度随时比对，灵活调整运输工具等生产物资。

7.3.4　施肥操作

　　根据上述计划，进入采购、入库等流程。采购时，为了缓解资金压力和仓储压力，可按照计划中的肥料使用时间，向供应商分批采购和付款。在肥料采购入库后，肥料的存储需要遵守厂家的指导意见，比如放在木质拖盘上，避免受潮；尽量不要淋水，也不能直接曝晒，尽量不要长时间存放，这也是分批采购的原因；按肥料不同性质，分开存放。肥料入库后，就开始安排施肥了，目前施肥的操作方法较多，除了人工施用外，很早人们就开始了对机械施肥的研究，包括地面轮式机具撒施，小型飞机或是近年来出现的无人机进行空中撒施，无论如何操作，需要详细记录地块编号，所使用肥料类型、用量和已施用面积，并及时核算总量，保证用量正确，符合之前的计划安排。

目前，多采用的施肥方法是人工和轮式机器，飞机施肥是未来的一个方向，但目前并不是主流，尤其是在印度尼西亚和西非等劳动力报酬较低的国家和地区，人工配合简易机器辅助是一种主流的施肥方法；在人力成本较高的地区，机器施用多使用轻型拖拉机直接开进田间道撒肥。无论哪种施肥方法，施肥的范围值得注意，在刚成熟期的油棕种植园，尚未完全封行，在最初开始收获的3~4年，尽量保证撒在滴水线附近，超过这一时间后，往往已经完全封行，油棕的水平吸收根可以跨过三排油棕，因此，在田间道上向两侧直接撒施即可。

人工施肥时，大致是如下步骤：

① 肥料被运送到收果平台的附近，根据所在收果平台所对应棵数的用量卸下足够数量的袋数，在各个收果平台附近依次排放妥当。

② 工人借助简易工具运肥，通过田间道进入大田向每棵树下撒施。目前使用最多的简易工具是手推车和自制量筒，量筒使用饮料瓶子或PVC管等裁剪得到，裁剪后得到的大小要保证刚好可以盛装指定的施肥量。

一般情况下，田间道通行状态良好的情况下，每株1千克的施肥量，一人一天可施2.5公顷左右，施肥量加大，因为运送肥料的时间增加，工作量会相应减少。人工施肥面临最大问题是管控，可能会发现工人将肥料丢弃在水沟中后，多报工作量的现象，此时肥料已经损失，因此，如果采取单纯地依靠工作量统计支付工资，则需要细致的监督工作；另外，当天没有施用完毕的肥料需要注意防盗、防雨淋，也有可能遗漏。氮肥、磷肥、钾肥和镁肥都可以手工施用。在印度尼西亚，有些肥料会使用浅穴施，如之前提到的施放铜肥的方法，同样，尿素等穴施可以降低挥发。微量元素肥料往往也是手工施用，如锌、锰、铁和铜，但其最好的方法是配制成水剂后叶面喷施。

自1970年开始，在马来西亚的经验表明，在条件适宜的成熟油棕园，使用机械撒施是更经济的。条件适宜时才能使用机械，最重要的条件就是田间道的地面必须适合机械行走，合理的道路密度、合适的道路坡度、一定的地面承载力缺一不可。在使用中，要注意以下因素：①合适的种植年龄，低龄树的叶片可能对机械行走有一定阻挡，反过来，行走中的机械对这部分叶片也可能带来伤害；②施肥时的地面状况，需要一定的地面承载力，如果机械因土地过软，经常性陷入泥土中，那么对效率影响较大，需要注意的是，同一块土地在降雨前后，其承载力会发生变化；③撒施机的选用、撒肥量和间距校准，以及机械的良好维持保养，这些都是机械施肥经济性的重要因素。使用机械施肥，优点是节省人力成本，很少有遗漏；缺点是受地形、地面承载力影响明显。另外，不同的地形情况下，即使机械可以通过，但因为通过的速度和坡度不同，可能出现施肥不均，造成大田内撒施不匀的问题，但这一缺点在成年封行的油棕林影响并不明显。

目前机械施肥的一个方向是研究机械喷施叶面肥，一般采用轻型轮式机具搭载向高空喷施的设备，无论什么肥料，均使用叶面喷施，其好处是可以明显提高肥料利用率，降低肥料需求量。另外一种机械施肥是空中施肥，在 20 世纪 60 年代，在马来西亚就进行过此类尝试，多是撒施，也有喷施，是目前最快的施肥方法，特别是在交通不便或劳动力缺乏的地方。多采用普通飞机，直升机也是可行的，但成本高昂。在南美，农业飞机较多，并且在其它作物（如大豆）有应用的先例，但其收费并不是按照面积收费，多按照飞行时长收费，加上时间损耗、延误费以及转场费，因此存在一定的风险，使用此类方式时，需要与施肥执行方就前面的风险项明确双方责任。目前，由于无人机和 GPS 的应用，空中施肥又迎来了一个非常不错的契机，在小规模的农业中已经有所涉及，未来，可能会有较大型的无人机投入油棕种植园，尤其是表现在针对微量元素肥料缺素时的补充性叶面肥施用中，空中施肥具有不错的优势。表 7-6 就施肥位置给出一个简单的参考。

表 7-6　施肥位置参考方案

树龄	施肥位置	注意事项
3～4 年	撒施至滴水线附近的环状带	人工,注意物料管理
4 年以上(方法 1)	撒施至滴水线附近的环状向外的大片区域	人工,注意物料管理
4 年以上(方法 2)	沿收果道向两侧每两棵树正中位置撒施	拖拉机＋喷撒机械,机具通过性
4 年以上(方法 3)	全地面撒施	飞机撒施,飞机费用控制

7.3.5　养分还田

果串从土壤中带走的氮、磷、钾等营养元素大部分留在工厂压榨后的副产品中，副产品主要是废料和废液，这些废料和废液处理一直是一个难题，早期的种植园会焚烧这些废料，直接排放废液，但引起了严重的社会和环境问题，一些国家和地区已经制定了越来越严格的环保法来控制这些行为。废料包括空果串、中果皮纤维、果皮纤维和核仁壳，废液则主要来自消毒和净化产生的废水，本节主要讨论废料的还田，这部分废料还田时，不仅不会带来环境问题，相反，会将这些废料中的营养元素还田，而且还增加了土壤有机质。在压榨厂，纤维和壳一直被用作压榨厂的锅炉燃料，在燃烧充分且经过处理的废气中，大部分是二氧化碳，而燃料灰分和废气中的颗粒，就是锅炉灰，大概含有 1.7%～6.6% 的磷、16.6%～24.9% 的钾和 7.1% 的钙，这些无疑是优良的肥料。空果串因为含水量高，很难被直接引燃，一般直接还田，铺在棕榈树的滴水线内，经微生物缓慢分解，其中的养分将全部还田。废料还田可视作一种特殊的施肥，废料还田又称作养分还田。需要注意的是，核仁壳因为难分解，加之是高热值材料，除前文说的用来当作锅炉燃料，其灰分可以还田外，也可以用来当作铺路材料。

经过杀青和脱粒处理后，果串便只剩下果柄，有时也称为空果串，是压榨厂的第一个副产品；除了这部分外，经压榨的中果皮（果肉）和果皮余下的纤维也是重要的副产品。空果串和纤维的有效成分一样，1 吨这样的纤维包含的营养元素大致相当于 7 千克尿素、2.8 千克磷肥、19.3 千克氯化钾和 4.4 千克的硫酸镁。在过去，纤维多是被直接焚烧处理，其缺点较多，一是造成环境污染，尤其是燃烧不充分时，冒出的大量的烟尘；二是其中的氮、硫会转换成气体氧化物被直接排放掉，造成养分浪费；三是燃烧后的灰分 pH 高达 12，呈强碱性，在正常的种植园中是不利的，但在酸性土壤需要改良时是有利的。因为纤维通常会被当作锅炉燃料，而空果串因为杀青时吸收了大量的水分，不太容易燃烧，油棕种植业越来越认可将这些空果串作为一种肥料资源使用，并越来越多地被运用。

直接将植物残留物还田是一种人类很早就使用的农艺措施，其优点了得到了广泛的认可。在成熟的油棕种植园中，覆盖在土壤表面的空果串可以改善土壤表面的微环境，不让地表直接暴露在空气中，避免雨水的直接冲刷；同时，在被分解时，不仅将其中的营养元素还田，还增加了土壤中有机物，进而提高了土壤的通透性。在东南亚和西非的一些地方，覆盖空果串一段时间后，可以在地表和空果串之间观察到许多新生的小须根，这些根直接吸收水分和养分。在湿热的环境中，覆盖在地表的空果串分解很快，约 3 个月的时间 50% 的干物质会被分解，8 个月后 70% 被分解，大约 90% 的钾含量在还田后 6 个月内被重新释放至土壤中。

覆盖操作需要注意的要点如下：

① 运输：应仔细地组织运果车返程时携带空果串，不要影响正常的运输工作，一般不刻意安排专门的车辆运输空果串，但在工厂空果串堆积过多，影响正常运营时，专门安排运输车辆是可取的。运输至田间道附近，按该田间道两则的株数卸下

大致足够的量即可。工人通过田间道向树下运输时，与铲果类似，可使用人力或者动物，辅以简单的机械在田间道上运输，条件允许的情况下，轻型拖拉机也可以，但这一过程，不推荐使用人工徒手搬运空果串。

② 覆盖的范围：针对成熟期的地块，注意避开两个地方，一是树头范围内脱落的果粒可能落到的位置，在这一范围内覆盖空果串将直接导致收集果粒困难；二是田间道，不得影响田间道的正常走动和手推车的使用，通常留出一米的宽度即可，覆盖的空果串对行走在田间道上的轻型拖拉机影响不大。针对未成熟的地块，在滴水线外围围成环状最佳，沿径向排布 2～3 个空果串。

③ 覆盖时间：可组织运输果串的装载人力在收集果串前的上班时间执行此项工作，因为运输到田间的空果串通常会被堆积在辅道上，为防真菌滋生，不得堆积太长时间，要尽快覆盖到田间，因此，运输和施用时间要衔接得当。覆盖时间长度，因为空果串的分解时间长达 1 年，加之一公顷土地获得的空果串不足以覆盖一公顷土地，因此，为了使尽可能多的土地被覆盖，推荐覆盖时间长度为 3～4 年。

④ 覆盖方式：推荐仅覆盖一层空果串，不可覆盖两层以上。在印度尼西亚，在空果串上易滋生害虫，如棕榈长翅蜡蝉（*Proutista moesta*），除此之外，还易滋生一些真菌。

⑤ 使用量：针对成熟期的地块，每公顷每次覆盖 80 吨左右；未成熟的地块每公顷覆盖 35 吨左右。

使用空果串覆盖地面，因为其中所含有的部分养分能够还田，因此，尽量先在贫瘠的地块内实行，可以降低部分化学肥料的使用，但不代表可以不使用化学肥料。目前，在有条件的种植园，人们开始尝试使用这些空果串和纤维混合一些化学肥料，制作符合自己种植园需求的混合肥料。

废液中也含有大量的营养元素，近年来也开始还田应用，因为废液在被直接排放前，会经过一系列消洗沉淀化，主要措施就是通过抽取这些消洗池底部的淤泥还田，尤其是最开始的几个消洗池，其池底的淤泥中含有大量的有机物小分子。通过对空果串、锅炉灰和这些淤泥的应用，可以取代有机肥的使用。

7.3.6　水分管理

养分管理，也即肥料管理，确保了油棕生长所需的营养元素供给均衡。水分作为重要媒介，能使油棕根部在合适的离子浓度环境下，吸收、利用这些养分，也为油棕生长提供足够的水分。同时，为避免土壤中养分不被淋溶流失，又不能出现淹水的情况。因此，优秀的水分管理就显得非常重要，从上面也可以看出，水分管理的目的无外乎两个：保墒和排水。

保墒即使土壤含水量保证在某一合理范围内，其措施首先是保水，使种植园内的水分不会因为外部水位过低而被排放掉；其次是灌溉，即补水，这是不得已的措施。

油棕对水分的需求十分巨大，其蒸腾系数约 300，在高温和低湿度的情况下，其叶片气孔会关闭，导致光合作用几乎停滞，不利于产量的形成。在东南亚、南美等降雨较为充沛的地区，保墒的主要工作就是保水，尤其是泥沼地，一旦连续一周时间不降雨，表层土壤就充分干透，非常不幸的是，泥沼地的油棕须根基本都分布在这一层中，会导致旱季减产，面对这一情况时，在旱季到来之前，将种植园各个关键排水沟的底部加高，防止因外部水位过低，内部水系水位也迅速下降，考虑到水位坡度差，每隔 1 公里左右，处于上游的排水沟渠底部加高部分可以增加 5 厘米，形成梯次配置。在西非、中非等雨、旱季明显的区域，在旱季因为供水不足，造成的潜在损失达到一半以上。在科特迪瓦，旺产期的油棕灌溉后，单产平均为 23.6 吨/公顷，而没有灌溉的情况下只有 10.6 吨/公顷。在这种情况下，如果种植园周边有天然的、可供取用的水系，保墒的措施就是灌溉，这相对于增产的效益，是非常合算的。灌溉的形式较多，在已经布置好沟渠系统的种植园中，直接将排水口堵住，通过水泵将外部水体的水抽入沟内，使沟内水位维持在一定高度即可；但对于斜坡等地势，通常将水抽到顶部，沿坡面流下就会被土壤吸收。在非洲，可观察到布置在单个树头周边的滴灌设备（图 7-2），但目前没有其效益评估的资料。

图 7-2　布置在单个树头周边的滴灌设备

相对于干旱，涝灾危害则更严重。通常，2～3周的涝灾对油棕不会有太明显的影响，但长时间的涝灾，会影响油棕根部的呼吸作用，对营养元素的吸引能力大降，导致油棕生长停滞，植株看上去瘦弱、发黄，更严重时，甚至死亡。因此，排水也是水分管理中必不可少的环节，在前文园区规划设计中，已经就排水系统的设计讨论过，总的来说，田间沟-辅沟-主沟连通外部水系的排水系统就算是园区的全部排水系统了，这是园区开发中最为重要的农业工程。在建设时，需要考虑到流量问题，10毫米降雨的情况下，就相当于每公顷100立方米的水量，除排水沟和土壤涵蓄水分外，就要靠排水沟渠了，而在西非、东南亚等地，雨季时，短时超过10毫米的降水量是很平常的，因此，优良的排水系统可以保证不受涝灾之苦，但这种情况的一个坏处就是土壤营养的流失，尤其是泥沼地和沙质土地，这也是为什么雨季之前尽量不要安排施肥的原因。

7.3.7 杂草及其它

成熟的种植园中，在同油棕的竞争中，杂草已经不再占据优势，因此，杂草防控不再是考虑的重点。然而，树头周围和田间道上的杂草会影响通行，还会与油棕的须根争夺养分，因此，仍然需要防控，主要参照未成熟前，定期使用除草剂即可控制住；而沟边路旁的杂草，为防水土流失和坍塌，建议保留，但要控制高度，以防止遮挡阳光。

成熟油棕种植园的杂草管理，相对未成熟种植园中杂草的管理要简单得多，在开始收获后的1～3年，因为油棕尚未完全封行，杂草防控与未成熟时的油棕种植园一脉相承，一般使用除草剂进行除草，一般一年进行3轮，除草强度会随着油棕逐渐完全封行而减少；之后，油棕成为地面最具优势的物种，随着完全封行，地面很少接收到阳光，在林下地面，鲜有杂草生长，基本没有多少杂草，但在叶腋位置可能会出现一些寄生植物，如部分蕨类。

成熟的油棕种植园中的除草需要注意沟边、路边等处的植被，这些地方毫无杂草过于干净固然不好，除上文提及的高度外，这些地方保留的植物种类也需要加以甄别，尽量保留对油棕种植园生态有益的植物，比如特纳草（*Turnera subulata*），又叫时钟花（图7-3），可以为某些害虫的天敌提供生存环境，因此，被建议保留并人工扩大种植。

除杂草外，病虫害和一些自然灾害也是成年油棕林抚管需要关注的地方，这些管理的第一步，是对这些受害信息的了解，这一工作多在田间统计时一并进行，不仅需要统计果串数评估未来产量潜能，往往也需要针对上述现象进行了解和统计。

图 7-3　时钟花

针对突发的灾害，可能需要非常及时的现场管控，如火灾。具体如何处理诸如病虫害和自然灾害等现象，在第 8 章中介绍。

7.4　复种

一般在成熟后 20～25 年进行复种（Replanting）。复种与直接在原始地表上重新开发种植最大的不同是，开发种植是从原始地表清芭备地，进而对地表植被进行替代，复种是对地表油棕的一次更新种植，因此，相对更加简单和容易管控，但也容易受之前油棕留下的病虫害等因素影响。

7.4.1　复种条件及方式

随着树体不断生长，油棕的高度在逐年增长，这将增加收获难度，要求铲果工具的柄把更长，目前，强度最大的柄把是碳纤维，一般可以支持 15～20 米，且由于柄把的晃动，收割果串的速度很慢；另外，跟其它多年生经济作物一样，在旺产期达到一个高峰后，产量会逐步下降，油棕的旺产期一般是 10～18 年树龄。因此，针对某一特定地块，只要满足一定条件即可复种，这些条件几乎都是从经济效益角度进行考量。一般而言有如下条件：

① 该地块连续三年产量低于某一值，该值通常是高峰产量的 80％。在东南亚，

大家能接受的标准是 20 吨/公顷，在西非稍低。

② 收获位置的高度超过一定高度，造成收获困难的。一般大家可接受的标准是 13～15 米，在西非一些地方，因为缺乏复种的种苗，也有远高于此高度仍然在收割，并没有复种的种植园。

③ 树龄超过 25 年，顶端的生长点分化新的花芽和叶芽的能力有限，以前每月抽生两片叶片降到每两月三片甚至更低，直接导致产量不高。

以上条件满足一条时，即可复种，但有时也会有其它的考虑，这些考虑主要是从市场情况出发。比如，一个行情较好的时段，此时复种可能是不经济的，意味着在未来 3 年左右的时间部分产减。因此，在一个市场需求强烈的时段复种是需要慎重的，至少需要比较复种的投入，收获这些高龄树多出的投入和产出之间的关系。但反过来，在一个价格不理想的时段，上述条件只要接近就可以复种，此时往往因为整个行业不太景气，相关的生产资料和人力成本较低，是一个比较经济的复种时机。

复种的方式无外乎两种：一是类似新开发，完全清除（Clean-clearing）前一茬油棕后，再重新种植；另一种复种方式，叫林下定植复种法，顾名思义，就是在上一茬的林下定植下一茬油棕幼苗，在未来 2～5 年内，随着小苗的长大，逐渐将原有大树去除，这样在下一轮油棕未成熟前，这部分土地依然有部分收益。

7.4.2 复种准备及操作

复种工作通常提前一年准备，在确定需要复种的地块后，要根据所需要的种苗数量开始采购种子育苗，或者向其它种植园直接签订采购种苗合同，以便对方提前做好种苗准备。因为田间沟已经存在且宽度都是相对固定的，因此，所选用品种的适宜株行距尽量与原种植品种近似，尽量不要调整种植的株行距。其次，在数量上，要留出补苗的预算，如果自己采购种子育苗，与前文育苗章节介绍的一样，要考虑到淘汰；如果自行育苗，还需要考虑育苗地点，此时，种植园一般没有空地可供育苗，可在离生活区近的地块砍伐一部分成熟的油棕树供大苗区使用，小苗区则直接布置在成熟油棕林下地带。

种苗准备完毕后，就是待复种地块的准备工作。对该地块的油棕树，提前 12 个月停止施肥等维护，但依然收获，养护方面，一般只需要对田间道和树头周围的地面进行常规养护即可。此时，需要密切注意的是病害，尤其是茎杆基腐病和灵芝菌的暴发，这两项将直接影响下一轮油棕的健康状况，因为油棕从定植到复种的年限较长，关于油棕复种的很多问题只到近年才渐渐为人们所认知，这里面，最需要留意的就是病害的隔代传染问题。

目前为了避免传染病，大多采用全清除的复种方法，但使用该法时，禁止焚烧，因此，此法又称作"零焚烧全清除复种法"，将上一轮的所有油棕就地伐倒切碎还田。粗略估计，每公顷还田的油棕组织中，茎杆45～75.5吨干物质，树冠叶子部分重量约是其一半，整体来说，每公顷约有100吨的上轮油棕组织还田，其中包含的营养元素丰富，单就茎杆而言，其含有的N、P、K完全降解后，等效尿素约半吨，等效磷矿粉约120千克，等效KCl肥约半吨，因此，将其还田，价值巨大。

全清除复种的步骤如下：

① 将需要复种的地块内所有油棕树提前一段时间全部伐倒，一般提前4个月左右，通常使用挖掘机进行，将其挖斗换成宽1～1.5米的铲刀，先将树头周围2米的根系切断，再从低于地表30厘米的位置切断、推倒。

② 使用挖掘臂上安装的铲刀，将整个茎杆切成15厘米左右的碎片，并将碎片均匀铺开。这一工作至少提前2个月完成。

③ 对大概的定植点（原树头）附近2米范围和田间道喷洒除草剂。

④ 种植地表覆盖作物。

⑤ 对新的定植点进行精确定标。

⑥ 定植。

上述步骤的时间安排上，尽量将①、②、③、⑤安排在旱季进行，④、⑤顺序可以更换，但定标时的标杆在地里留存时间过长，可能会灭失。另外，③步骤需要考虑除草剂药效时间，防止对后期的覆盖作物或油棕产生不利影响。

复种操作中，最需要留意的是上一轮的病虫害对下一轮的影响，特别是使用林下定植复种法时，不可忽视灵芝菌和茎杆基腐病，这两类病害均由真菌引起，极难控制，非常容易传染至下一轮油棕。早期在印度尼西亚苏门答腊的经验表明，采用这种方式复种的油棕种植园，在复种后第15年，超过40%的油棕树遭灵芝菌侵袭，造成严重的经济损失。除病虫害外，长期在上一轮油棕的林下生长，因光照不足和养分竞争，也对下一轮油棕造成不良影响，如黄化和树体瘦弱。目前一般不建议采用这种方式进行复种，如果上一轮种植时已经暴发过此类病害，种植覆盖作物后，休耕一段时间都是可行的。但如果在上一轮种植时，没有灵芝菌和茎杆基腐病暴发，也可以采用林下定植复种法进行复种。通常推荐以地块为单位，在定植新一轮的小苗前，将上一轮50%的树的顶部树冠去掉或者直接将整树砍伐掉，然后再在同一行的原两棵树正中位置，重新定植一株小苗，在定植后1～2年，去除树冠或砍伐比例要达到75%，以解决光照不足和养分竞争的矛盾，将上一轮油棕对下一轮油棕的不利影响降到最低；定植后 3~4 年内，将上一轮油棕全部去除，尽数更新。需要注意的是，操作过程中，需要防止砍伐上一轮油棕时，因倒伏等因素对小苗造成伤害。因此，不难发现，全清除复种法，可以通过填平田间沟重新布置定植点，调整种植密度；而林下定植复种法，很难调整种植密度。

另外，虽然已经将上一代油棕组织还田，这些组织在未来一至两年内，可将所有养分还田，但在定植时，仍需要施底肥，因为经过之前一轮的耕作，土地的自然地力不足以再支撑新一轮的油棕生长需要，因此，充足的底肥是必要的，尤其注意磷、镁、钾的补充。条件允许的情况下，在定植前，对复种地块内的土壤进行一次化验，以便指导整个种植周期内的施肥工作。

复种定植完毕后的补苗、统计工作依然如之前章节介绍的一样执行，并且，需要及时对地块的标识牌进行更换，以方便管理；大田养护则参照未成熟前的种植园执行，直至再次进入收获期。

8

油棕种植园损失管理

　　油棕种植园的价值巨大，对其最终效益可造成损失的任何事项，均可被纳入损失管理（Lost Management）中，任何损失都需予以谨慎对待，必要时，需要投入一定资源加以防范和根治。总的来说，油棕种植园面临的潜在损失因素主要有以下几个方面：一是油棕种植园的植物保护问题，主要内容是病虫害管理；二是各种"天灾人祸"，如洪水和火灾等自然灾害，包括冲突、偷盗、工伤等人为因素；三是种植材料，在前面章节已经提过的种子采购环节，在油棕成年后，可能依然因油棕个别植株的遗传因素，面临部分损失。可以说，损失是种植园中一定存在的，但如何将这些损失可控化、最小化，将不利影响降到尽可能低，是损失管理的核心内容。

8.1　常见病虫害

　　从整个种植业来讲，植保难题整体都是在加剧的，油棕种植也不例外，某些高发病虫害可能带来极为不利的影响，在种植技术、人员、物资频繁交流的今天，一旦出现病虫害，应当引起全行业的重视。油棕的病虫害高发造成种植园损失的原因是多方面的，从油棕的宜植区角度来说，其所适宜生长的热带地区本就因为丰富的光热资源，生存着异常丰富的生物群体，包括我们看得见的各类动物、昆虫等，它们是油棕生物伤害的来源，这里面包括由野猪、松鼠、老鼠等动物直接对油棕器官啃食、破坏造成的伤害，也包括蚂蚁、犀角象甲等昆虫造成的伤害，但更多的是我们看不见的微生物，比如一些真菌、衣原体等是油棕病害的主要来源；从生态角态来讲，由油棕构成的单一地表植被系统，其生态稳定性本就较多样性的植被系统脆弱，一旦出现病虫害，易于大规模传染。在种植园整个运营周期中，未封行的油棕林，太阳可以直射很多地方，而杂草又较多，此时，虫害风险大于病害，但因生态稳定性高，病虫害传染风险低；而封行后，因为地面和树体的某些部位长期无法接收到阳光，在阴暗潮湿的环境中，真菌易大量滋生，此时，病害风险大于虫害，但因地表植被种类和数量偏少，生态稳定性低，病虫害传染风险高。

油棕病虫害的出现还与油棕本身的长势相关，而长势与水、肥等自然因素相关，因此，油棕病虫害的出现，其成因可能是很复杂的，不深究其原因，往往是治标不治本，达不到彻底防治的效果。而病虫害带来的损失，同样难以量化，有些损失是短期的，有些损失是长期的，对于短期内大暴发的一些情况，相对容易评估其损失；而某些长期的病害，几乎无法评估其损失。某些病害使某一棵树损失后，其留出的空间，一方面可以接受日照，可能又对其它树起到了保护作用；另一方面，周边的油棕树因空间伸展可能增产，这也是这一巨大的单一物种组成的生态系统中，具有的一种自我调节功能。对危害最直观的评价，就是估计其所造成的减产，而经济损失就是这部分减产损失和防控所带来的成本增加之和。有些减产是可以恢复的，如害虫对叶片的侵袭，一般会导致发育迟缓或者推迟收获期；而有些减产则是无法恢复的，如基腐病，会直接导致植株死亡。但通常来讲，未成熟的油棕遭受病虫害后，其损失较成年油棕更甚。

8.1.1 动物危害

油棕种植园中对油棕造成危害的动物种类较多，尤其是在树龄较小时期。从所有油棕宜植区来看，这些动物包括老鼠、豪猪、松鼠、猴子、野猪、大象等。除此之外，种植园中往往还有一些其它动物，包括蛇、猫科动物、鹰等，这些动物往往是前面部分动物的天敌，对油棕而言是有利的，但这些动物中某些对人具有攻击性，如蛇和老虎，对工人的生命安全有着威胁。

对油棕危害最甚的，莫过于老鼠，属啮齿目，分布十分广泛，从东南亚到西非，再到南美，几乎所有的油棕种植园都有它的身影，其生命力顽强，繁殖迅速，从苗区到旺产期的成年树，都是其危害对象，如不采取措施，损失巨大。马来西亚的经验表明，当每公顷鼠口密度达到 200 只时，每年每公顷约损失 0.15 吨产量，加之老鼠啃食后的果粒易遭受微生物侵袭致使酸败，影响经济价值，大家公认，可造成 5% 左右的油品损失；当鼠口密度进一步加大时，损失更甚；在鼠害严重的地区，其密度可达 1000 只/公顷，此时造成的损失已经无法忽视。更为严重的是，油棕种植园提供的新型栖息地和生存环境，导致当地某些品种的老鼠种群数量出现变化，原有食物链不足以支撑的一些体型较大的老鼠，也能够大规模繁殖，形成新的优势老鼠种群，不仅危害种植园，还向外部村庄扩展。

在苗区和新定植的地块，老鼠会直接啃食油棕苗，啃食幼苗的幼嫩部分，有时甚至会从根部将整体小苗咬断或者啃食剑叶伤害到生长点，从而毁坏掉油棕苗。当挂果的情况下，老鼠开始啃食果粒，其危害明显与猴子不同，猴子一般只采食成熟的果粒，而老鼠不加区别地啃食所有果粒，甚至吸食果核中未成熟的依然是液态状的果仁部分。相对于看得到的啃食，老鼠更多地是将成熟的、脱落的果粒搬运至叶腋或者田间堆积物下面，这些被搬运的果粒不仅是损失来源，假以时日，一旦发芽，就会与现有油棕争水争肥，尤其是着生在叶腋处的小棕榈苗，需要投入人力去根治。老鼠的另外一些危害是难以评估的，比如老鼠为获取蛋白质性食物，对某些益虫的捕食，在印度尼西亚，一只老鼠可以将开放的雄花上的授粉象鼻虫，一次性吃掉一半，因而可能造成授粉不足，影响产量。

老鼠的防治方法包括使用鼠药、陷阱和生物防治等。其中，鼠药在鼠害严重时，可快速降低老鼠数量；陷阱往往是单点使用，很少大规模使用；生物防治是比较可行的、长期的防控措施。

投放鼠药是目前防控老鼠的主要方法，其主要成分中包含一些可以杀死老鼠的毒性化学物质。根据毒性发作致死的快慢，分为急性鼠药和慢性鼠药。急性鼠药往往是一些剧毒化学物质，如亚砷酸钠，一般作为防护性的驱鼠剂。其缺点非常明显：一是这些急性剧毒成分不仅对老鼠有效，对人和家畜及园区中其它生物均有杀伤作用；二是老鼠很快会本能地将投放的鼠药和伤害联系起来，产生"避害性"，从此不再去碰这些药剂。慢性鼠药最重要的特点就是不会产生避害性，因为这些鼠药发挥作用的时间相对较长，其有效成分多是抗凝血剂，通过引起老鼠血液中一系列不良反应，从而致死。但长期使用某一类抗凝血剂，会使老鼠产生耐药性。这类药使老鼠无法将该鼠药和死亡联系起来，在使用急性鼠药后，中间夹杂几次慢性鼠药可消除老鼠的避害性。另外，投放避孕药也是控制老鼠的方法之一，但其效益不是很明显。

无论使用何种鼠药来控制鼠口密度，都需要在针对病虫害和杂草等监控给出明确信号后才可以执行，因为鼠药成本问题，盲目地乱投药并不经济。一般是抽样20%的面积进行老鼠危害检查，果串被老鼠啃食可视作一个明确的信号，如果鼠害比率低于3%，一般不理会；介于3%～10%时，需要审慎地评估防治成本，主要是参考当前的产品收益（即出售价格）和成本（鼠药购买和人工）；大于10%时，需要开始着手予以控制，如果不予以干预，则预示着未来将出现大规模的鼠害。当需要开始控制鼠害时，在东南亚很多种植园的操作标准中，通常会周期性地投放鼠药来控制老鼠数量。一种比较常用的做法是一年投放两轮，每轮多次，在每一轮首次投放后，隔4天检查已投放鼠药，及时补充不见的鼠药，之后再隔一周，两次检查鼠药状况并补充不见的鼠药，直到补药的比例降到 20% 以下时，当轮投放结束。一般来说，三次投放已经见效。如果鼠害实在是过于严重，投放的鼠药密度加大，比如将每棵树头周边投放一粒改为两粒；同样，对于种植园边界存在特殊情况的，比如相邻的地块是刚收割的稻田，则可在该边界处的油棕树头周边加倍投放。

老鼠防治的难点在于其隐蔽性和迁徙性。在种植园中，较厚覆盖物的地方可为老鼠提供遮蔽和筑巢空间，堆垄或沟边或者种植园内部未被开发的飞地中，往往是老鼠的聚集地，因此，很难直接观察到老鼠的踪影。在东南亚，因为降雨丰富，地面常年潮湿，而树干上坐果位置较为干燥，且靠近食物源，可以观察到老鼠在树冠里的叶腋处筑巢。另一个特性，就是迁徙性，平时老鼠都有自己相对固定的活动半径，但外部环境出现较大变化时，老鼠是可以进行长距离迁徙的。比如在印度尼西亚，油棕种植园周边的村庄，在稻子收割后，种植园靠近村庄边界可观察到更多的老鼠危害痕迹，可以判断老鼠已向种植园迁徙。因此，将老鼠从种植园中彻底清除是不可能的，只需要从防治成本考虑，把它们的数量控制在可接受的水平，避免不必要的过大损失。

啮齿目的动物除老鼠外，其它的也会危害油棕。值得关注的有豪猪，又叫箭猪，在东南亚，豪猪通常会以 18 个月左右的油棕幼嫩部分为食，而豪猪对这类油棕小树的破坏更为致命，它们体型较老鼠大，在啮齿目中体型仅次于水豚及河狸，所以进食量大，往往啃食得也更彻底，通常会破坏掉生长点，有时甚至是将整株油棕拔出土壤进食。除豪猪外，还有其它啮齿目的动物，如豚鼠，通常也是啃食油棕苗或树体的幼嫩部分。这些动物大多夜间活动，防治较为困难，捕杀和使用陷阱是较常用的方法，尤其是在将这些动物作为食物的地区，往往效果不错。除对这些动物采取"攻势"外，在危害严重的地区可对油棕植株本身采取"守势"，比如使用铁丝网在油棕树头周围做一个圆形的防护罩，防止被啃食。除此之外，松鼠在东南亚也被认为是有害生物，但其危害较轻，它们主要是啃食成熟的果实；但同时，它们也捕食一些害虫，如穗螟。

除啮齿目外，野猪也是需要重点关注的有害动物，一旦遭其危害，损失往往是巨大的，其可危害种植园的任何一个阶段，譬如针对苗区的小苗进行破坏，一夜之间，可以拱坏、践踏大量小苗袋，会将定植的小苗或小树连根拱出，会取食成熟的果粒等。对其防治方法，投药、建立防护栅栏、惊吓等都可以考虑。投药针对野猪数量不多时，可以采用，需要将有毒和无毒的诱饵一起投放，甚至是提前数天投放无毒的诱饵，使用时，需要留意当地法律是否允许。当野猪数量较多时，在边界处建立栅栏最有效，栅栏可使用木材或电镀防锈的铁丝网，需要不断地维护。惊吓通常是采用听起来像是枪声的鞭炮，往往只能将野猪暂时驱离。近年来，电网也被应用在野猪的防治，但需要注意当地法律是否允许，还有对其它动物，包括对人的危险性。野猪的防治还需要顾及当地的宗教信仰，某些地方的原始拜物教可能对野猪有原始崇拜，此时处理起来会比较麻烦。

另外，猴子、猩猩、大象，甚至是老虎都是要考虑的有害动物，在某些国家或地区，它们是比较珍贵的保护动物，也是环保组织对油棕行业批评的内容之一，因此，对这些动物处理起来需要谨慎。这些动物中有一部分，如猴子，它们取食小苗或小树的幼嫩部分，也取食果粒，但其最具破坏力的，是在其攀援时，对油棕叶片的撕扯，往往会导致成片的油棕叶片被破坏，丧失活性。针对猴子，目前没有有效的措施。一些大型的猫科动物因为追踪其猎物也可能进入油棕种植园，并进而攻击人类，在苏门答腊，有老虎在油棕种植园攻击劳作工人的记录。大象和猩猩等，也可能因种植园内获取食物的便利性而闯入，一旦发现这些动物，需要立即报告当地主管政府部门，一般是将其捕获，推荐重新放归自然保护区。

值得一提的是，在目前大多数国家和地区，为了平衡当地发展和环境保护，都划分了自然保护区，这些保护区一般是原始森林或丛林地带，而被批准用来建立油棕种植园的地带，大多是已经被伐木业或其它行业深度开发过的次生林地带，这些地带内，诸如大象、老虎、猩猩是不存在的，但随着油棕种植园内部生态的逐渐稳定，这些生物极有可能进入种植园。除此之外，这个稳定的生态系统中，也如诸多有益生物，如可捕食老鼠的蛇、老鹰等，从对环境保护的审慎态度出发，也基于效益的考虑，对于这类保护动物和有益生物，应明令禁止任何人捕杀，在必要时，还需要对这些动物提供必要的保护措施。

8.1.2 昆虫危害

油棕上的害虫种类众多，叶片、茎杆和花果均有某些特定的害虫，也有些是共生的。在一个生态平衡的种植园中，这些害虫的天敌种群是能够与之平衡的，比如鸟、黄蜂、部分甲虫等，都可以直接捕食这些害虫，微生物则可寄生在这些害虫的某个阶段，这种平衡对于控制害虫的种群密度有着重要作用。在平衡状态下，很难暴发大规模的虫害。但往往由于一些特殊原因，比如旱季，这些天敌的生存环境消失，或者不当使用杀虫剂，导致天敌种群大量死亡，此时就非常危险，可能某些害虫会迅速大规模暴发，势必造成巨大损失。一般而言，危害花果的，采取措施后，6～12个月后，产量通常可以恢复；危害叶片的，往往需要2年甚至更久才能恢复原来产量水平；而危害到生长点或者将树干蛀空的情况下，会直接造成植株死亡，造成不可挽回的损失。

（1）蓑蛾科

蓑蛾分布于各个油棕宜植区，在东南亚的危害程度要甚于非洲，在南美仅有个别品种可造成危害，典型特征是这类害虫会在叶片的背面编织一个茧，因此得名口袋虫（Bag Moths）、结草虫、背包虫等。编织茧的材料可能是纯丝，也可能是掺杂了一些干枯的碎叶、枯枝等，具体材料和茧的大小视品种不同而不同，颜色多呈灰褐色，通过丝状物挂在油棕叶片背面。这个茧由其幼虫编织，为其幼虫和蛹虫阶段提供保护，在一端有小口供其幼虫出入，随着幼虫的长大，这个茧也随之变大。雄虫羽化后，会飞出，雌虫"羽化"后呈蠕虫状，无翅，在茧中等待雄虫到来并与之交配后产卵。雌虫一次产卵的数量也是随品种而不同的，*Metisa plana* 一次产卵 300 枚左右，*Oiketicus kirbyi* 一次可产卵 5000～10000 枚，而在东南亚较为常见的 *Mahasena corbetti* 一次可产卵 3000 枚。这些虫卵经 2～3 周孵化后，由茧内爬出，最开始到达叶子的正面，取食绿色部分，之后，在叶子背面寻找地方结茧。

蓑蛾在叶片背面结茧，呈现出明显的茧体可供观察，因此，在对杂草、病虫害一起进行的监测中，易于被发现。一般在第 7～19 叶上，发现一定数量的茧体就需要引起重视。茧体的数量随蓑蛾品种产卵数量不同而不同。总的原则就是，对于产卵多的品种，如 *Mahasena corbetti*，每片叶片上平均发现 10 只即需要开始重视，并采取防范措施；而对于 *Metisa plana*，发现 50 只左右，就需要注意了。具体的数值由经验丰富的植保专家结合当地、当时的天气等因素给出经验预警值，考虑其强大的繁殖能力，一旦预警，必须迅速采取措施，否则将很快失控。

失控后的主要危害就是对叶片的危害，几乎可以将成片的油棕林所有叶片上的绿色部分啃食干净，使植物无法进行光合作用。与动物啃食后，创面遭受真菌感染不同的是，大部分害虫身体上就自带真菌等，在天气潮湿的情况下，可直接感染创面。如果在旱季等外部环境不利的情况下出现大规模虫害，有可能导致整株枯死，形成不可挽回的损失。

对其防治主要是使用杀虫剂，只能在幼虫大量出现时使用，由植保专家选用对应的杀虫剂，这些杀虫剂的主要有效成分是除虫菊酯或拟除虫菊酯，进行喷洒即可，一般以蓑蛾的孵化周期天数为一轮，喷洒数轮，直至预警解除。

（2）刺蛾科

刺蛾科类的害虫，在东南亚和南美的危害较大，其颜色鲜亮，带有病菌，幼虫附肢上的毛刺接触人体皮肤，大概率被蜇，可能引起皮疹，伴随疼、痒、辛、辣、麻、热等感觉，长时间肿胀，因此得名刺蛾（图 8-1），又叫刺毛虫、毛辣子、洋腊子等。刺蛾科约有 500 个种类，在各宜植区出现的主要危害当地油棕种植的种类各异，如在东南亚较常见的是 *Darna trima*，在西非出现的是 *Latoia pallida*。

图 8-1　刺蛾

刺蛾主要危害部位与蓑蛾一样，主要是其幼虫针对叶片绿色部分啃食，如东南亚常见的 *Darna trima*，一只幼虫一天可啃食 30 平方厘米的绿叶，大量出现时，很快可以将叶片啃食干净，造成损失。除此之外，也不容忽视其对人体的伤害，有可能造成工伤事故，影响工人工作效率。

东南亚常见的刺蛾品种是 *Darna trima*，其生命周期 50 天左右，旱季略短，大量繁殖时，一片叶子上可达到 2000 只幼虫，啃食叶子的绿色部分后，出现残缺甚至是仅剩叶脉，所以其危害性很大，主要危害 5 年以下的幼年油棕树，同样也攻击成年油棕树，对油棕树的第 9～17 片叶子进行监测预警，树龄更大的则针对少量的叶片监测即可。与蓑蛾不同，观察到叶子某一面的幼虫数量后，需要乘以 2 评估整个叶片的虫口数量。幼龄树每叶上达到 10～12 只或成年树每叶达到 30～60 只时，则需要进行人工防治，主要措施也是喷洒杀虫剂。其他地区其它种类的刺蛾也大致类似。需要注意的是，刺蛾啃食叶片后，其携带的真菌对油棕的二次伤害，所以，在喷洒杀虫剂时，需要视情况喷洒杀菌剂。

该科不同品种之间的差异表现在生命周期上，危害的部位几乎都是针对叶片。同样，大多采取对第 9～17 叶片进行监测预警，不同品种间根据其雌虫产卵能力的强弱，预警值有所差异，但经验丰富的田间管理者清楚相应的临界值和需要采用的措施，通常来讲，突然暴发时，杀虫剂是不错的选择。

(3) 甲虫

危害油棕的甲虫种类众多，在各地都有发现，它们对油棕的危害包括啃食叶片，特别是幼嫩组织，比如未展开的剑叶，甚至是生长锥，在危害到生长锥后，其损失就是一棵树，有时也啃食根、雄花等部位。常见的甲虫有象鼻虫和犀角象甲。

象鼻虫是一个科目的总称，下属 6 万多种，在东南亚，对油棕构成危害的有 *Rhyncophorus vulneratus* 和 *Rhyncophorus ferrugineus* 两个品种，都被称作红棕象甲或亚洲棕榈象甲，它们的成虫啃食叶片的幼嫩组织，它们的幼虫则会蛀入树干内，有可能造成生长锥受损，从而造成损失。

有一种象甲虫，非洲油棕象甲 （*Elaeidobius kamerunicus*）需要特别注意，在雄花开放时，会到达雄花上取食花粉，浑身沾满花粉后，会迁飞至其它地方，它的活动大大提高授粉率，20 世纪 80 年代从非洲引至东南亚，马来西亚和印度尼西亚经过一系列的尝试，都确定了其对增产的作用❶，因此，不认为它是害虫。

对于有害的象鼻虫，通常是喷洒杀虫剂进行控制，但需要注意的是对授粉虫的保护，防止用药过度。

除象鼻虫外，还有犀角象甲 （图 8-2），其可危害所有年龄段的油棕树，对于未成年树的危害更甚，也更容易造成损失，主要危害部分是树心部位，有时可以观察到抽生的剑叶，还未展开就已经拆断并倒伏下来，这就是很明显的受害症状。如果仅是零星的几株出现这一症状，一般无需过度关注，但如果某一片出现大量的这种现象，就需要引起注意了。大多使用激素类药物进行诱捕，在诱捕之余，还需要防范其它可能出现的病害，因为这些虫害之后的创口易感染微生物病菌，导致发病，而且往往出现虫害加病害的复合性伤害。

图 8-2　犀角象甲

---

❶　http：//www.plantwise.org/KnowledgeBank/Datasheet.aspx？dsid＝20604。

除此之外，还有一些其它的昆虫，大多具有趋光性，在夜间进行灯光诱捕也是选项之一。

(4) 穗螟

穗螟，又称螟蛾或油棕果串蛾，在东南亚常见的有 *Tirathaba mundella* 和 *Tirathaba rufivena* 两种，主要危害 3～6 龄的油棕树上的果串，尤其是在东南亚的沼泽地带更易暴发，可造成巨大的损失。

成虫前翅呈浅灰色，略带淡绿色，后翅呈浅黄褐色，雄性翅展 23～24 毫米，略小于雌性的 24～27 毫米，雌虫一次产卵 150 枚左右，雌性和雄性共同孵化，4～5 天即完成孵化，幼虫在 14～16 天内长度可达到 30 毫米左右，成蛹后 9～12 天即羽化为成虫，成虫仅在 8～9 天后即产卵，一个生命周期约 40 天左右，所以，繁殖非常迅速。

对油棕危害最大的是幼虫，雄花和雌花都会遭到它们的侵袭，严重的情况下，不利于花朵发育，更甚，将导致花朵败育。尤其是对雌花和果串的侵袭，是损失的主要来源，且可能发生在花和果实发育过程中的任何一个阶段。针对未成熟的雌花或果串，其幼虫钻入果柄中，或是钻透果粒，吸食果仁，创面遭受病菌感染后，可致果串腐烂；侵害成熟果串后，因创面处滋生大量微生物开始分解油脂分子，导致 FFA 显著恶化，在正常的果串中 FFA 一般为 1.5%，遭受其侵袭后，可达 6.2%，也导致部分果粒腐烂后，单果重减小。综合起来，一旦大规模出现穗螟，必须采取控制措施，防止损失进一步扩大。

判断遭受穗螟侵袭的典型症状就是棕红色的幼虫粪便，拨开堆积在果串表面的粪便，很容易观察到被蛀的小孔，这表明穗螟幼虫已经进入到果粒中，吸食果核，这将直接导致果核受损，在后续发育中，因为果核不再分泌激素，对外部果肉的发育也有不利影响，更重要的是，引起病菌感染，造成二次伤害。

在东南亚的大部分油棕种植园中，尤其是沼泽地带，都有穗螟。对于已经收获的种植园，先是在收果台上，发现有超过 5% 的果串被侵袭的话，就要开始系统性的虫口普查工作，对于已经挂果但尚未开始铲果的地块，需要加强巡视，一旦发现某排树出现 5% 以上的树被侵袭，也需要开始系统性普查。普查的方法是每 10 个铲果道清点一条铲果道两侧的树，即 10% 的抽样率进行普查统计，当被侵袭的树占比在 10% 左右时，一般只需针对遭侵袭的果串受害部位进行选择性喷洒杀虫剂即可；而对于被侵袭超过 10%～50% 时，则需要对遭侵袭的果串整体喷洒杀虫剂；对于超过 50% 的树被侵袭时，则需要对所有树上的所有果串进行地毯式喷洒杀虫剂。一般使用氯氰菊酯，每两周喷洒一次，视控制程度，喷洒 4～6 轮，在使用中，需要注意浓度，做好安全防护措施，只到受侵袭树的占比低于 5% 时停止。对其生物防治措施已经非常成熟，并被大规模应用，一是可寄生在其幼虫上的苏云金芽孢杆菌，其可分泌一种具有杀虫活性的蛋白毒素，对包括穗螟在内的鞘翅目昆虫有杀伤作用，其可以与氯氰菊酯交替使用，防止耐药性出现；二是垫跗螋（*Chelisoches morio*），其是革翅目下的一种昆虫（图 8-3），取食穗螟幼虫，可有效控制穗螟虫口密度。

图 8-3　垫跗螋

　　除了使用杀虫剂和生物防治外，针对穗螟防治还需要合适的农艺措施。首先，是将所有受害的果串收割，无论成熟与否，只要被侵袭，立即割下运送至收果平台集中处理，可以集中喷洒杀虫剂，也可以沉入水塘，至于焚烧处理，需要视所有地的法规；维持好坐果部位的清洁，不要堆积腐质物；平时维持良好的收割、修剪标准，不要残留过长的果柄、叶柄在茎杆上，这些部位易堆积腐质物滋生害虫和病菌。

(5) 白蚁

　　蚂蚁可能是种植园中数量最多的生物了，甚至部分蚂蚁会在油棕上建巢，但它们中的大部分对油棕是没有危害的或者说危害是极小的。但有些蚂蚁需要特别注意，如切叶蚁，它们会"切"下油棕的叶片搬回巢里，它们的巢穴可能深达数 10 米，面积达到数百平方米，因此，可能会切取大量叶片，尤其是低龄油棕树，需要格外防范。一般采用机械灭蚁和药物控制，机械灭蚁就是将从地表的可见的蚁巢部分，尽可能深地铲除；药物方法是使用灭蚁药，投放在其路径上，等其搬运回巢。使用纯柴油浇灌蚁巢洞口也是可行的。所有蚂蚁中，最应该引起重视的，就是白蚁。

在马来西亚和印度尼西亚，白蚁主要危害低龄油棕树，在沼泽地或靠近热带雨林的种植园更甚，所有树龄的油棕树都会遭受侵袭造成损失。主要有害的白蚁种类有 *Coptotermes curvignathus* 和 *Macrotermes gilvus*，它会攻击成活的油棕树，直至树死亡。在西非科特迪瓦，*A. evuncifer* 是很常见的一种白蚁，且其造成的损失非常巨大。有些白蚁，比如 *Nasutitermes havilandi*，它一般在死掉的油棕茎秆中生活，能参与分解树干，所以认为它是无害的。除此之外，还有多种白蚁，通常都认为它们是无害的。

白蚁可能从油棕树的任何一个部位发起"攻击"，从根部和叶子发起"攻击"较为常见，尤其是大家白蚁，通常直接将根部组织吃掉，最终会将整个茎秆"掏空"，形成一个空腔，遭受大风会轻易倒伏，或者叶片变黄，然后凋亡。在白蚁危害的初始阶段，可以在叶柄基部、果串和新抽生的剑叶上观察到白蚁，此时及时喷洒毒死蜱或芬普尼等进行防治，是可以完全恢复的；但4~6周后，新抽生的剑叶和其下部2~3片展开的嫩叶开始发黄时，着手防治的话，恢复比例一般小于50%；当前述变黄的叶子开始干枯时，基本可以宣告无救了，已经造成了不可挽回的损失。由此可见，对白蚁防治最重要的是需要及时发现并及时防治，因此，一旦出现白蚁危害的苗头，则需要进行田间普查，对白蚁的普查采用全普查，要求每一棵都要被看到，通常一个月进行一次，早发现早防治，以免影响经济效益。

灭蚁方案除了前文提到的防治切叶蚁的方案外，人们也在积极地探索生物防治，最具潜力的是使用食蚁昆虫，如使用斯氏线虫（*Steinernema feltiae*）就是一种不错的方案。但对白蚁更重要的是通过良好的农艺措施来防范，而非根治，如同穗螟一样，防范白蚁也需要良好的田间卫生，由训练有素的田间管理人员监控并及时发现危害以便防范。

8.1.3 常见的叶片病害

（1）树冠病

树冠病几乎在所有油棕宜植地区均有发病，但以马来西亚和印度尼西亚为甚。在印度尼西亚，树冠病又被叫做小树病，因为它一般只出现在定植后的2~3年，有时也会在一些老树和苗区的油棕苗上发现，其病症视严重性不同，通常会持续一至两年，这将使铲果初期的产量大幅下降甚至是推迟铲果。

发病后，通常会沿着未展开的叶片主叶脉中心位置出现红棕色损伤，但外表看不出来，这种损伤扩散后会侵袭复状小叶，当叶片开始伸长时，随着重量的增加，主叶脉失去支撑作用，从损伤部位弯曲，因此，最终可以观察到主叶脉不正常的

"扭曲"。当进一步严重时，羽状小叶会完全腐烂干枯，仅一些残留的纤维附着在叶轴上。当叶片发育正常，既没有弯曲，也没有腐烂的情况下，则标志着油棕已经自我修复。

对于发病原因目前的解释较多，但大多是从植物组织学和营养学两个角度出发。从植物组织学角度出发的观点认为主叶脉发育不均衡导致组织弯曲扭伤，从而增加了真菌侵袭的风险；而营养学则认为营养缺乏，各营养元素不均衡，都有可能造成这一现象，在很多发病株上，观察到氮过多，镁缺乏。但比较公认的一个影响发病的因素是遗传因素（C. Breure et al.，1991），不同的亲本后代的发病率有明显差异，在印度尼西亚大家倾向于认为 Deli Dura 品系的母本携带易感树冠病的基因。在制种公司，由有经验的植物学家挑选可靠亲本，可将发病率控制在 5% 以下。可以相信的是，在未来，随着基因测序和分析技术的应用，单就遗传因素的影响会很快明晰。发病后，该病会在同一植株的不同叶片间传染，直到自然恢复。目前没有针对该病害的人工措施，仅依赖于油棕自我修复，但如果某一植株出现 10~12 片以上的叶片遭侵袭时，通常建议将这些叶片修剪掉，因为它们会严重影响产量，通过修剪掉这些病变叶片，会加速油棕的自我修复。非常幸运的是，目前没有证据证明该病可以在不同植株间进行传播。

该病对油棕的产量影响主要表现在收获早期，一旦某一植株发病，必定导致减产。在印度尼西亚有经验表明，在带病的油棕树上，至少减产一半，后期病情加剧，甚至可能绝收，这种不利影响会持续至少 2 年。在油棕自行修复后，其它因素良好的情况下，产量可以恢复。

（2）镰刀菌枯萎病

该病的发病率不高，但是分布却很广，前文介绍的树冠病，在感染镰刀菌之后，会发展到镰刀菌枯萎病。与树冠病的不同之处在于，受害部位从未展开的叶片主叶脉中心扩展到整个叶片，通常出现这一病害时，伴生着树冠病，加之先天易感该类病害，形成综合征。其发病率通常仅 1%，由某些易感品系培育而来的种植品种可能达到 5%。在没有暴发树冠病的地区，这是一种非常明显的病症，小部分病患株可以自然恢复，但是大部分即使不致死，也会导致大量叶片干枯调零，失去生理作用，果串的果柄较正常情况要长，且单果重远不及平均水平，因此其发挥的经济效益不明显，通常处理的方法就是去除此类患病株，直接砍掉油棕带病树。

受害状态在尚未展开的"剑叶"上可以观察到，在距叶柄末端三分之一处，剥开复叶，可以观察到微红棕色的受真菌侵袭部位，损坏部分和正常部分间有一条棕色的线，随着侵袭部位扩大，最终从外部可以被直接观察到，可见红色斑块，这是真菌孢子聚集形成的。当叶片生长时，危害如进一步扩展，最终可能只剩光秃秃的叶脉，而叶片组织干枯后往往被风雨打碎脱落。长时间遭此病害，整体树冠的叶量不及正常株，其活力也低于正常株，随着光合作用的减少，其生长量也日益减少，树干直径日益变细，又称"缩脖子树"。

$F.oxysporum$ 和 $F.solanum$ 这两个镰刀菌属的真菌是引起此病害的主要病原微生物，一旦复叶展开，其造成的危害就大大减轻甚至停止了，受损的细嫩叶片内部感染该病原微生物孢子后才会导致发病，因此，将出现病症的叶片修剪掉，辅以杀菌剂防治是不错的选择，实际操作也证明了这一点，但这只能暂时控制，况且对于成年的高大树体不具可操作性，加之一些先天易感病品种极有可能重新感染，因此，在选择此法进行防治时，要特别注意衡量其经济效益，考虑到相邻的油棕树在患病株被砍掉后因空间增加带来的产量增加，推荐直接将病株砍掉。在砍掉过程中，需要谨慎操作，防止它们感染其它植株。

（3）黄斑病

黄斑病主要的危害部位是剑叶，当其复叶展开时，就可以看见危害部位了，与其它侵袭剑叶的病害相同，在初期时，无法直接观察到受害部位和情况，只能将剑叶人工剖开才能观察到病变部位，这些病变部位其实是一些圆形的小点，颜色为麦秆色或者棕色，边缘为淡黄色，从小点到直径 6～8 厘米的斑点均有，当复叶展开时，病变斑点不再扩大，但在以主叶脉为对称轴的两边复叶上呈对称分布。因为这些斑点部分没有叶绿色，多呈黄色，黄斑病由此得名。

黄斑病在非洲比较普遍，在喀麦隆最高的染病记录达到 15%～20%，其他地区感染率一般只有 2%，在复叶展开后病症不再加深，因此，经济上影响比较轻微。其发病机理与被真菌侵染有密切的联系，但普遍认为，遗传缺陷是易感病的主要原因。因此，通过人工防治的措施不具备可行性，面对发病树时，推荐直接将其砍掉移除，如上文所述，其相邻的油棕树因为获得更佳的生长环境，增加的效益可以弥补其损失，同时也能够节约人工防治的费用。

（4）微生物病变及其它

油棕除面临上述真菌性病害外，还会面对一些病毒、类病毒等微生物的侵袭导致发病。目前，对这一类病害的研究非常少，甚至部分在油棕体内分离的病毒株，无法确定其是否致病，因这类微生物致病的确切记载多发生在西非、南美，在东南亚，类似的记录很少，这可能与东南亚地区适宜的生长环境是分不开的。

另外，一些在叶片上寄生的植物也值得注意，比如成年油棕叶片上可能会出现的藻类和苔藓，通常着生在叶片上或花柄，比如较为常见的红锈藻（$Cephaleuros$ $virescens$），它几乎存在于所有的油棕宜植区，外观呈红棕色的斑点，直径不会超过 3 毫米，因为被遮挡的缘故，其着生的叶片位置在清理后较周边正常绿色要淡很多，在潮湿的情况下，大量出现时，会影响光合作用，出现这种情况时，喷洒百菌清可以控制其规模。一般来讲，单纯的这些藻类是无害的，但需要注意的是，这些藻类与其它致病微生物共生，如在尼日利亚，因与这些藻相关联的疾病导致油棕树早衰；部分藻类与真菌混合在一起共生时，会形成青苔，也被视为无害，但有些青苔会伸出假根，从叶片汲取营养，从而被视作寄生物。

8.1.4 常见的花果病害

花、果对油棕种植的重要性是不言自明的，在管理良好的种植园中，会尽最大努力把可能侵袭花、果的真菌等因素与之避开，如通过树头清洁将烂花烂果去除，从而消除滋生杂菌、害虫的环境，但在实际生产中，因为营养不足或是授粉问题抑或是虫害等导致花、果受伤后的伤口，易感染杂菌，从而致病。

最常见也是最严重的花果病就是果腐病，其成因较多，如授粉不足也可能导致此问题，有时往往是几类原因共同作用，引起果串腐烂病变。其中，由油棕果腐菌（*Marasmius palmivorus*）引起果腐病在东南亚较为普遍，业界一致认为其对种植园经济效益有重大不利影响，由该菌或其类似菌种在其它国家或地区也出现过致病性，但没引起严重的危害。这类真菌是一种腐生菌，在行间修剪下来的残叶下层或堆积有腐殖质的叶腋处，易于大量滋生。

此病易发于3~9树龄的植株上，特别是授粉不足的果串上，如果坐果位置不够清洁，在遇到潮湿天气且田间通风不畅时，会导致发病率上升。起初，菌丝体会在果串表面的果粒间生长、蔓延，尤其是在果串末端包裹在叶腋的位置，因为潮湿，更利于其菌丝体生长。一般是较老的果串最先被感染，然后向较幼嫩的果串传播，此时，被侵袭的果串如果已经成熟，那么对该果串的影响微乎其微，基本没有损失；但之后，透过果皮上湿腐的病变部位，其果肉会遭到此菌和其它病菌的共同侵袭，导致迅速酸败，产生大量的游离脂肪酸，为了最终的棕榈油的质量，此时的果串不能送往工厂进行压榨，而被侵袭的果串继续生长，最终会干枯，只剩下腐烂后的纤维状残留物。

因为该病菌广泛分布于腐殖质丰富的位置，所以，将其完全清除是不可能的，而且成本方面也不允许如此操作，长期以来，大家一致认为良好的农艺措施是避免此类病害的首要因素，尤其是清洁的树冠环境，被认为是一种有效地控制该病害的措施。油棕在开始收获前和收获后都要保持坐果部分良好的卫生条件，在最初投产前的半年，去花去果、叶片修剪工作需要高标准完成，切除所有发育不全、授粉不足、濒临死亡或腐烂的果串和已经死亡的雄花，这样，在投产后，良好的清洁环境会使得发病率大大降低，也会避免诸如穗螟等害虫的危害。对于已经投产的油棕树，将已经被感染的病果铲下，仔细地修剪叶片，残留的叶柄尽可能短，所有被切除的果、叶片留在油棕树体滴水线的边缘。除此之外，另一个比较有效的防治措施是使用杀菌剂，但如果已经将感染的叶、花果进行切除操作，就没必要使用杀菌剂，一般只针对那些坐果部位进行过清洁后，依然染病的树体喷洒杀菌剂。对该病菌有不错效果的是乙酸苯汞，但很多国家不再允许使用，需要替代品。前文提到，易发病的原因除清洁度不够外，通常认为授粉不足也是原因之一，在东南亚，随着授粉象鼻虫的引进，相关授粉不足的情况出现得越来越少，但在刚开始投产的阶段，授粉不足依然需要关注，此时，良好的田间通风对授粉不足将大有改善。

除此之外，由老鼠或穗螟啃食后的果粒露出果肉时，也易于遭到病原微生物的侵袭，产生腐烂，但只要这些微生物不扩散，影响不大。除此之外，还有一些针对雄花的病害，但往往是在花粉发散完之后，才会出现一些白色的菌丝体附着在上面，此时对其处理已没有多大意义，可不予理会。

8.1.5　茎杆、根部病害

目前，在马来西亚和印度尼西亚，茎、根部位最严重的病害就是油棕的基腐病（Basal Stem Rot Disease，BSRD），是由灵芝菌属侵染后引起的，在所有的大田致病微生物中，是唯一可造成严重损失的，其致死率达80％以上，损失通常达到50％。除东南亚外，在非洲和中美地区，也有发病记录，但在喀麦隆和刚果金的记录中，其影响程度比东南亚要小。20世纪50年代之前，人们认为该病多发生在高龄油棕树上，一般是树龄在25年以上的树，其它油棕仅会偶尔染病，但在此之后，越来越多低龄油棕也受到侵染，特别是10～15龄的旺产油棕树，发病树由高龄树变得越来越低龄化。感染该病后，会直接导致产量损失，一是因为濒临死亡或已经死亡的带病树不再具有挂果能力；二是因为该病会传染，周边健康的油棕树受到侵染后，单果重和果串数都减少。整体而言，业界通俗地认为，染病一年后的油棕减产一半，之后更甚直至绝收。

可危害油棕的灵芝菌属亚种较多，目前被记录证实有害的约10多种，白腐灵芝菌（*Ganoderma boninense*）是该属下一个典型的危害亚种，主要出现在马来西亚和印度尼西亚，在非洲，*G. zontum*、*G. cupreun* 和 *G. xylonoides* 均被记录过。

以白腐灵芝菌为例，其子实体一般生长在油棕树干基部上靠近土壤的部位，其本身不具叶绿体，无法进行光合作用，子实体通过菌柄与油棕相连，菌柄有时可能隐没在油棕树干内，其伸出的菌丝体可深达维管束，堵塞导管，直接从油棕体内吸收养分，严重影响水和养分向上运输；子实体的主体是菌盖，其上表面是一个光滑的皮壳，初期颜色为鲜亮的灰白色，后期随着长大，开始变成深色，边缘有带状的环形边界，颜色不一。随着菌体的生长，油棕树茎杆横截面积的一半被伸展开来的囊柱侵染时，就可以观察到叶片出现症状了，最先表现出来的是生长迟缓，新抽生的剑叶无法打开，叶片褪绿等现象，如果是旺产树，已经开始减产。随后菌体会继续生长，在菌盖的背面，是菌管层，在其表面，有孢子生成。最终，被感染的树可能随时倒伏，倒伏之后，可以观察到茎杆内生长的菌丝体，菌丝体分布的部位颜色发生变化，根部表面布满菌丝体，内部的木质部开始腐烂，在湿度较大的环境下，菌丝体会长满整个树干，最终形成一个菌群。即使不倒伏，后期会观察到叶片褪绿、斑点状坏死并最终枯死。死亡树内的腐烂组织携带的菌丝体和孢子均可传染其它油棕树，感染后油棕的受害程度与接触的传染源大小和自身的生长状态相关，越大的传染源危害越严重，长势越弱的油棕，受害越严重，最先因感染致死。除了菌丝体和孢子的组织可传染外，某些甲虫也能够沾上菌丝体或孢子成为传染源。

基腐病的发病直接原因是真菌入侵油棕树茎杆基部的纤维组织，但环境、长势、营养状况和遗传因素均对此病的发病有一定影响。具体来讲，溃害和营养失衡、过多的杂草以及衰弱的长势均可加重该病的危害，即被感染后，经历过上述恶劣环境或呈弱态的油棕树，较正常株会更快死亡。但反过来，提供一个良好的生长环境、杂草控制得当、长势强壮的树，对减少发病并无太多作用，此时，遗传因素对发病的影响更为明显，在印度尼西亚苏门答腊的经验表明，以 Deli 系作为亲本的后代更容易染病。

对该病的防治一直是难点，到目前为止，尚无有效措施完全治愈该病，所有的措施多是延缓该病症导致的绝收，使处在旺产期的树体多收获一段时间，并以这段时间的收益来平衡所采取措施的支出成本。这些措施包括培土、凿除染病组织、向树干灌入杀菌剂等。这些措施，有时单独使用一种，有时几种措施综合使用，但作用只有一个，就是延长染病油棕的经济寿命，尤其是对于旺产期的树。这些措施主要是加强油棕根部支撑，防止茎基断裂倒伏，丧失经济效益。这些措施无一例外都是越早采用越好，比如培土，在叶子还是墨绿时，没有死亡叶子时就开始使用，可以增长茎杆基部生出气生根来加强支撑。

对其防治有两个方向：一是生物防治，目前已知木霉属、曲霉属和青霉属对灵芝菌属有抑制作用，但尚无明确有效的方案适用于商业种植园大规模推广使用；二是通过育种，培育高抗病品种。

除此之外，也有一些其它病菌感染后导致的基腐病，比如西非地区较为常见的干燥基腐病，由根串珠霉菌（*Thielaviopsis paradoxa*）感染根部后所致。初期，在茎秆的基部，在病变和健康部位之间有一道非常明显的过渡带，此时，所有的花果都会开始腐烂，而叶子保持正常，随后，从嫩叶向老叶也开始感染，变为黄色或灰色，在剑叶未死亡前，都可以恢复，但剑叶死去后，就不可能恢复了。与湿腐病一样，没有控制该病的有效措施，但在干燥的情况下，施肥灌溉，一般就不会发生此病。

除基腐病外，湿腐病是较为常见的茎秆病害，大多发生在 4～5 龄的树上，10龄以上的油棕也可能感染，多发生在东南亚和南美，较为普遍。相对其它病症来说，湿腐病感病概率不高，通常幼嫩的茎叶是最先出现症状的，然后从幼嫩叶片向老叶扩散，直到所有叶子都枯死。大部分被感染的树，从症状最先出现到整个树冠死亡，只需两周时间，其速度取决于湿腐病的严重程度。在不同地区，其症状表现有所差异，病因也不相同。目前就此病提出了很多可能的原因，都没有定论，但可以明确的一点就是地下水位与该病的发生有一定关联，可能是淹水时导致根部窒息，抵抗力下降后，病菌由根部侵入。湿腐病常发生在低龄树上，这与树本身的抗性有关，目前没有有效的防治方法，但良好的大田水分管理是减少发生此病的措施。同时，没发现湿腐病可在不同油棕之间传染的证据，但致死的油棕还是应立即放倒并清除，这不仅可预防湿腐病，也对其它潜在的危害有一定预防作用。在清除的过程中，患病株的任何组织应避免与其它植株接触。

油棕病虫害的防治是一个系统工程，实际上并没有单一出现的病虫害，往往是病害、虫害一起出现，一些受害症状是多种因素的综合呈现，因此，需要经验非常丰富的农艺专家制定方案，方案中包括选用的药物，使用时间、方法、周期，配套的农艺措施等。对一个大田管理者而言，针对常见的病虫害要了然于胸，更重要的是，对于病虫害损失高度警惕，如遇不明情况，迅速向农艺专家或科研机构求助。

8.2 自然灾害及其它损失

适宜油棕种植的赤道地区，大多面临着雨、旱季交替，长时间的干旱意味着火灾风险大增。除此之外，飓风、地形风等环境因素，也会导致损失。这些自然因素引起的自然灾害多是不可预期的，面对这类灾害，所能做的只是尽量减少损失。

　　火灾损失是种植园最常见的灾害之一，在地表覆盖物干枯的情况下，容易发生，比如在印度尼西亚的沼泽地带，低龄油棕树林未封行前，在旱季喷洒完除草剂后，干枯的杂草加上地表被充分干燥的腐质层，极易构成火灾隐患。

　　火情的严重程度决定了损失的大小。一般来说，如果地表可燃物不多，发生在矿质土层上的火情，只会将已经展开的叶片烤焦失绿或者直接引燃，对于中心部位未展开的剑叶伤害不多，更不会伤害到生长点，此时，油棕生长会面临半年左右的停滞期，在抽生出约十多片新叶后，会快速恢复，因为这类火灾易发生在刚开始收获的地块，受害树坐果位置不高，其果串也会受到影响，受到高温炙烤的果串表面很快会被真菌浸染感病，将影响至少半年的收益；如果可燃物较多，如堆垄上的堆积物较多被引燃，可能会导致生长锥上花芽在分化过程中败育，这种对产量的影响更加深远。这两种情况都是可以恢复的，使用人工将干枯的叶片修剪掉有利于其快速恢复。在最极端的情况下，油棕树会死亡，这种情况一般出现在沼泽泥炭地的1～2龄树上，因为其地表腐质层被引燃后，会缓慢地、大面积地燃烧，土壤中的毛细根全部死亡后，油棕会很快枯萎死亡，极难恢复。面临这种极端情况时，其补救措施只能是在地表以下的"阴火"完全熄灭后重新种植，而完全熄灭通常依赖于降雨，或者人工向地下注入大量的水，成本高昂，也极难控制。

　　有效的火灾防范工作是多方面的，比如泥炭地，通过深挖沟形成隔离带，防止地表以下的火势不受限制地蔓延。除此之外，需要有一些必要的基础设施，如瞭望塔，在印度尼西亚，此项属于政府法规强制项目。在种植园开发过程中也需要有优良的操作习惯，如茅草易燃的大型宿根性草本，建议采用非焚烧法将其一次性清除干净。最后，就是人的因素，需要向所有员工及周边村民做好防火宣传，没有这些人的配合，防火是非常有难度的，比如在巴布新几内亚，当地人会专门将油棕滴水线内的地表物引燃，他们认为此举可以增产，同样在印度尼西亚许多地方，人们也有雨季来临前烧芭的习惯（图8-4）。

　　除火灾外，风灾也是需要注意的事项之一。与菲律宾北部和中国南方台风天气不一样的是，在低纬度的油棕宜植区内，鲜有台风，多是地形风、海洋-陆地风等，其风力不及台风，但有时也能造成一部分损失，最常见的伤害就是造成树体倒伏或者倾斜，这种情况的发生，可能是风力单独作用的结果，也可能是茎腐病等因素综合影响导致的。这类情况如果发生在低龄树上，可以通过扶正、培土予以拯救，之后都能恢复，因为倒伏或者倾斜过程中拉伤部分根系，需要部分时间恢复，但不至于造成死亡；对于3～4龄树而言，倒伏比较棘手，如果其倒下后搭上了别的正常树，此时能扶正则扶正，否则需要将其清除，如果仅仅是倾斜，则需要迅速将其扶

图 8-4　烧芭

正，并在土壤松动的一侧培土；对于高龄树而言，很少倾斜，如遇大风，根部支撑力不够的话，通常会倒伏，建议将其清除。对风灾的防范工作，从早期的定植就需要开始考虑，根据土壤的支持力不同，灵活掌握定植深度，比如泥炭地中，不可以定植过浅，如果过浅，有时甚至会因为降雨后，周头周边的土壤沉降程度不一而发生倾斜，辅以风吹，极易倒伏。平时的养护中，也需要注意，比如在滴水线内的区域除草，不可一遍遍地将其中的土壤从茎杆基部的位置刮向外围，长此以往，会导致气生根扎根困难，根部的支撑作用减弱。

　　另外就是涝灾，在水分管理章节已经介绍了淹水对油棕的不利影响，因此，平地上的涝灾在此不多述，因为水引起的另一种灾害就是洪灾，这只能发生在梯田区域，由于瞬时降雨过大，排水不畅时，最终聚集的雨水一冲而下，可能将油棕根部周围的土壤冲走，甚至将整株油棕冲走，因此，无论是平地还是梯田区域，良好的排、保水系统必须时时维护，保持通畅。

　　除了自然灾害导致的损失外，其它损失主要包括种质材料因遗传因素导致的损失和工伤事故导致的损失。因油棕种子遗传缺陷导致的不育或败育也是损失之一，不育是指不开花的植株，通常称为公树；败育是指雌花无法发育成健康果实。这些植株因为没有生殖生长或生殖生长量低下，因此，其营养生长相对周边的正常树要强，具体表现在油棕树的高度及茎杆周长比别的树更高更粗。一般来说，出现这些现象跟最初定植的种苗质量有直接关系，较零星出现这种现象时，可以认为是苗区在淘汰小苗时出现疏忽，此时，只需要将零星出现的个别植株砍掉，其腾出的空间为周边油棕带来的增产效益可以弥补其产量损失；但出现比例超过 20% 时，显而易见，所使用的种子存在明显缺陷，这可能是当初育种时选用的亲本有问题，出现这种现象带来的损失是异常巨大的，这也再次说明了前面相关章节的观点，选取一家有质量保证的种子供应商非常重要。工伤事故也是损失之一，在日常运营中，需要所有员工和管理人员树立安全第一的意识，面临突发情况，以人员安全为首要考虑要素，尤其是在某些经济欠发达地区，对普通工人在水电使用、机械操作等方面的安全知识辅导显得格外重要。

9

压榨厂运营

压榨厂又叫工厂，在成熟的商业种植园中，自己建设并运营一座压榨厂无疑是最理想的状态。首先，可以确保自有种植园田间产出被百分百接收和处理，因为向其它压榨厂出售果串时，可能会面临对方满产不方便接收的因素。其次，经过压榨厂的处理，可获得更高的经济回报。印度尼西亚的测算表明，在自有压榨厂的情况下，每吨鲜果串至少可以多获得 10 美元的收益。最后，运营的压榨厂可以为整个种植园提供电能等便利，尤其是远离城镇的种植园更是如此。

从 20 世纪油棕大规模商业化种植以来，油棕的压榨方法有了大幅的改善与提高，专门介绍油棕压榨厂相关理论和实际操作的著作远多过介绍商业种植的书籍，本章在此仅对压榨厂的原理简要介绍，并讨论其设计、质量控制及销售对种植园田间运营的影响。在管理上，通常压榨厂应有其独立的管理层，直接对工厂运营全面负责，管理压榨厂的生产安排。毛棕油的产量和质量，会影响销售工作，在商业种植园的运营中，种植、加工和营销是整个商业种植项目的三要素，这三者良好配合，即合理地安排田间生产、及时加工和销售，是整体项目取得良好效益、获得成功的关键。

9.1 技术原理

目前普遍采用的是物理压榨制取毛棕榈油（Crude Palm Oil），其原理是将棕榈果串进行杀酵灭活（Sterilization）后，进行脱粒，之后将果粒充分捣碎，这些捣碎的果粒进入压榨机，压榨机中挤压出来的榨出液通过一系列工艺措施去除杂质和水分后，得到毛棕油。而挤压过的"残渣"，分离果核（Nut）和纤维（Fiber），果核破碎后得到核仁（Kernel）和核壳（Shell），纤维和核壳通常被用来作为锅炉燃料直接焚烧，核仁可以用来榨取棕榈仁油（Curde Palm Kernel Oil），其与椰子油有着高度的替代性，榨取完棕榈仁油的棕榈仁粕是优良的动物饲料。以处理 100 吨鲜果串为例，典型的工艺流程如图 9-1 所示。

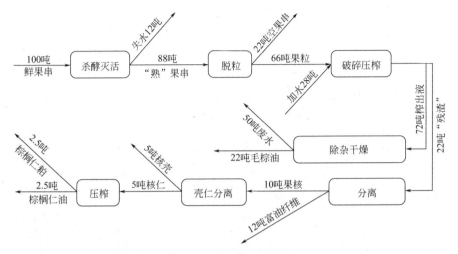

图 9-1 油棕压榨工艺流程

杀酵灭活是将棕榈果串（Fresh Fruite Banch，FFB）放在杀酵罐里使用高温高压蒸汽处理，压力通常在 3 大气压❶左右，温度 140℃左右，处理时间约一小时。经处理后：①使包括脂肪酶在内的一切蛋白质变性失活，防止酸性指标进一步恶化；②杀死微生物，防止果粒腐烂；③使果粒更容易脱落；④软化果肉，以便更容易榨出棕榈油；⑤使果粒失水，在之后的生产线上不容易破裂。通常是将装载果串的小车厢推入一个卧式的密封杀酵罐内，通入高温蒸汽。杀酵车厢的装载能力一般在 2.5～3.5 吨，但近年来，也有 10 吨的大厢投入使用。近年来，开始出现立式杀酵罐，可以连续工作，更加节省蒸汽和时间，但杀酵后的冷凝水中会含有更多的油。视果串的成熟程度不同，时间可以相应调整，成熟度高的果串时间可以短些，因为短时间处理已经可以顺利脱粒。

脱粒是通过机械处理，使果粒从果串上全部脱落。在这一过程中，果柄会吸收一部分油，造成产量损失，这也是前文铲果标准中，要求果柄尽可能短的原因。剥离工具是一个长长的，内部带有螺旋的、条状铁片的滚筒，已杀菌的果串放入铁筒的一端，随着其旋转，果串沿着螺旋铁条向另一端移动，移动过程中被铁条带到一定高度落下，如此摔打多次后，果粒与果穗一般会完全脱落，果粒通过传送带被送进蒸煮器进行进一步的杀酵。如果果串未脱粒干净，通常是杀菌灭活的时间不够，需要调整上一个过程的时间。另外，得到的空果串，是非常好的有机肥料，因此，

---

❶ 1 大气压＝101325 帕。

尽量快速还田，不要在工厂堆积太长时间。除此之外，空果串还被开发出多种不同的用途，如造纸、粗纤维提取、制作园艺用土等，但未显现出太高的经济价值。

脱粒后的果粒进入蒸煮破碎设备，在通入高温蒸汽并加水的情况下对果粒消煮破碎。该过程的目的：①尽可能使细胞破碎，将油脂分子离解出来；②将所有工料加热到90℃左右，便于随后的压榨；③排出游离的油脂，减少后一工段榨机的工作强度，此阶段排出的游离油脂，将与下一阶段压榨出的榨出液混合在一块。这一过程中，需要控制两个要点：一是消煮充分与否，因为是连续工作，当进料过快时，会导致消煮不充分，从而导致压榨后的纤维含油量过高，影响出油率；二是温度，过高过低都是不利的，都影响出油率。温度过低时，会增加油的黏性，不利于出油，导致压榨后的纤维含油量高；温度过高时，会产生乳化❶，降低细胞被破碎的比例，使部分油随着细胞沉淀被丢弃。

经过消煮破碎后，就是最关键的压榨过程。这一过程，不仅要将果肉中的油榨取出来，也要将果仁保留下来，在目前的压榨厂，主流方案是使用螺杆压榨机。但在一些小规模或早期的商业种植园，其它方式也依然存在。大致有以下几种方案：

① 物理压榨，通常是使用一个桶状容器，桶内安装一个类似活塞的压片，其上方连接螺杆，螺杆通过在桶口上方的支撑架上旋转，从而压榨筒内装满的破碎果粒，油则从桶四壁和底部的网眼中溢出。这种方法在非洲的小型种植园使用较多。

② 液压机，早期的方式，只是使用液压动力取代了①方案中的人力，目前使用较少，已被螺杆压榨机取代。

③ 螺杆压榨机，目前的主流方法，其用在植物油加工业已有很多年，是一种非常简单、易操作的机器。它外部是一个布满小孔耐压的高强度箱体，内部有一根螺杆，螺杆的轴上连接着螺旋形的立起的高强度钢片，从进料口向出料口方向，螺杆的轴直径逐渐加大，而所连接的钢片间距逐渐减小，因此，随着螺杆的转动，其内部向前移动的原料所受的压力逐渐加大，油从箱体四周的小孔溢出，最终，原料经由螺杆另一端被挤出，其工作状态是可连续的。通常用在油棕加工上的螺杆压榨机，箱体内有两个反向旋转的螺杆，其压力可以调节，此压力既要避免过高导致果核破损，又要避免不足造成出油率不高，取一个合理的平衡，因此，螺杆压榨机不太适合加工果核较大、果皮相对较薄的品种。

压榨之后得到两种产品：一是榨出液；二是"残渣"，其中包括果核和纤维。

榨出液主要是油、水和细胞残渣的混合物，还混有少量沙、泥土，因此，先要过筛，除去这些较大的杂质，之后进入加热罐，温度控制在90℃，防止乳化，

---

❶ 油和水均匀混合的一种状态，乳化后，油水很难分离。

之后利用油水密度不一样的原理进行油水初步分离。初步分离后的油仍含有约0.5%的水分及其它杂质，使用高速离心机或纯化器进行处理，这些机器一般是自动控制的，无需人工操作，最终可将水分降到约0.25%，杂质最大不超过0.02%～0.05%。

此时的油已经是毛棕油，存储在工厂，等待装运即可。通常使用油罐进行储藏，一个压榨厂，视当地市场可接受的最小交货量，配备多个油罐，这样，不同品质的油也可以分罐存储。油罐底部安装加热蒸汽管道，装运前，为保证毛棕油的流动性，需要加热至45℃左右，如果已经冷却、凝固，必须缓慢加热至此温度。

剩余的"残渣"主要由果核、纤维组成，因为压榨后较紧实，在运送至分离器前充分打散并干燥，之后通过风选将果核和纤维分离，纤维被风选的气流带走并最终分离出来，通常直接用来作为锅炉燃料，产生蒸汽以驱动压榨厂的运转。果核进入破碎机破壳，破壳后的混合物包括核壳、核仁和未裂的果核，因尺寸不同，筛子可分离出未裂的果核，再送回破碎机，但如果未破碎的果核过多，可能需要检修破碎机。核壳和核仁的分离可以使用风选来达成，但效果往往不佳，最佳的分离方式是水力旋流器，分离后对核仁进行干燥，干燥温度介于55～80℃，如果有压榨设备，则进行压榨，否则可出售，一般商业种植园并不配备核仁压榨设备。核壳和纤维一样，作为燃料进入锅炉，生产蒸汽驱动工厂运转；也可用来铺路、制作活性炭等。

以上是整个油棕压榨的技术原理，在整个操作中的能耗问题是油棕种植园的亮点和特色，是其它热带经济作物商业种植中所不具备的，简单来讲，就是空果串、核壳和纤维燃烧产生的蒸汽发电，其电力足以完全驱动整个工厂，并可以向办公室、生活区供电。因此，"工厂生产-蒸汽/电力"平衡是一个非常技巧性的工作，需要专业人员的计算。锅炉生产的蒸汽推动汽轮机组带动发电机产生电力，为加工提供动力，"废汽"用来杀酵，也用来保持加工过程中的温度，所以不能有一点浪费。工厂休整时，如果有足够的核壳、纤维存留，应当维持发电机组工作，否则，要用柴油或其它方式发电来启动和维护。现在的压榨厂锅炉非常精良，无论功率还是效率都有了很大的进步，加之生产设备在节能上的进步，生产的电量通常有剩余，比如在印度尼西亚某些工厂，发电功率可达生产所需功率的2倍，剩余的电力，通常被认为是"免费的福利"，但不推荐免费无偿地供给人使用，如此执行的后果是整个种植园用电量急剧上升，导致发电机组超负荷运行，建议将富余的电量以一定配额分配至相关用电单位，比如家庭，超出部分仍然收费。

9.2　工厂规划

　　通过前文的技术原则介绍，结合后期的销售，很容易得出工厂规划的要点和难点。首先是产能的选择，需要匹配整个种植和周边潜在的小农产量，能够应对一年内的产量高低峰。其次是工厂的位置，从种植园角度出发，建在种植园中央是最有利的，便于运输；对于销售者，建在靠近河流边是最有利的，便于驳船运输；对于工厂运营者，良好的交通和供水会大大方便工厂设备运入和安装。因为时间、种植进度、营销和财务等各方面的诉求不一，最终的选址一定是基于所有相关方的平衡和折中而决定的。

　　产能方面，要求产能够用合理，闲置不可太多，又不能出现来料过多无法加工的情况。一年中，油棕种植园的产量会因为天气等原因有所波动，各月产量各异，根据经验一般可以做出相对准确的产量评估，工厂的加工能力据此选定。另外，在超大规模的种植园中，集中建一个大厂和建若干小厂如何选择的问题，在目前的工厂运营中，主要是工厂使用大体积的杀酵设备后，这个问题不再突出，通过在交通运输上适当增加，可以降低多个小工厂在工厂基础设施建设上的重复投入，一个大压榨厂的投入和运营成本会比若干个小压榨厂的总和低。在印度尼西亚，对于一个10000公顷的种植园，工厂实现3个班次轮替作业，平均每月开机500~550小时，每小时45~60吨的压榨能力，可以应对本园区的峰值产量；而在本园区的产量低峰，则需要通过外部采购果串来增加工厂产量，或者减少作业班次。因此，在规划产能时，如果周围没有太近的压榨厂，可以对种植园周边农户和小种植业者种植情况进行调查，相应地增加部分产能，收购这部分农业种植产出，提高工厂加工量，获取初加工利润，也为当地种植业者解决了销售问题，带来收益，实现双赢。

　　厂址方面，也是关系到方方面面的，既要考虑水供应，也要考虑交通物流的便利性和仓储设施的布置，还需要考虑当地的一些实际条件，比如土地承载力、地形等。水方面很好理解，因为加工过程中需要加水，且锅炉运转也需要水，工厂对水源的要求较高。水量方面，目前的生产工艺，最佳状态下，可以达到每吨果串加工耗水量仅需半吨，但安全起见，一般是按每加工1吨果串需水量1吨进行规划和设计。水质方面也有要求，如果水质不达标，需要额外建设净水设施，从而增加投入。因此，充足的、稳定的、洁净的水源及合理的取水距离是很重要的，水源通常有湖泊、河流、人工湖或者地下井。而为了减少暴雨造成的涝灾，优良的排水条件同等重要，一是应对降雨等因素，另一个需要考虑的排水因素是生产产生的废水还田，这些废水中含有大量养分，还田的效益巨大，因此，压榨厂的位置非常便于将这部分废液排放至大田是非常好的选择。交通方面，从来料运输距离上考虑，最优解是种植园正中央，但往往由于种种原因，几乎不可能如此理想，那么，能够方便将毛棕油运出的地方可列为其次，这种情况下，好的位置距交通要道很近，如铁路、有运输能力的河流等，但优先考虑港口，这有利于货物的进出，尤其是大宗的物资进出，如毛棕油和肥料。另外，工厂的位置与住宅区、交通道路、商业区等要保持一定距离，除了管理方面的考虑外，有些国家和地区可能还有相关立法来规范这一点。土地承载力直接关系到工厂的建设成本，承载力强的地面其地基投入很低，反之，将需要通过诸如打桩等措施来加强地表平面的支撑能力，投入较大，基于此，具体的选址工作，需要专业的土建工程师一并参与进来。地形主要是要一个大的开阔地带，便于存储杀酵车厢和废液消洗池，要善于利用当地已有地形，尽可能少地大规模更改地貌，比如需要将果台架高的，坡形地带有利于安置收果平台，不用专门建设水泥的框架结构平台。

在物流仓储方面，在东南亚的大部分地区，因为产业链成熟，生产销售相对稳定，所以不会积压太多，相对应的仓储能力不需要太大。但在某些国家或地区，如西非，因为销售并不稳定，因此，仓储就显得很重要了，与仓储配套的物流也需要仔细规划。如果是单纯的汽车运输交货给买家，并不是大问题；如果是汽车进行集港运输，装船的话，则装船时间是个大问题，可能面临船舶滞期的问题；如果工厂所在位置可以直接使用船舶运输，需要考虑旱季河流水位或可能的潮位高低所带来的问题。一般的做法是尽量减少工厂的储存量，重点考虑多批次快速交货，以维持良好的资金流，所以通常压榨厂配备1000~5000吨的毛棕油储藏罐，偶尔会更大。油罐通常是由钢材制成的，有一个圆锥形的底，留有门洞，以方便工作人员进入罐内清理，底部通常还安装有加热管道，以保证发货时，可以通过蒸汽将毛棕油加热便于流动；顶部通常也是圆锥形，留有通风孔，以防从底部排出毛棕油后，上部形成真空。为了存储不同质量的毛棕油，并在不中断生产的情况下清理个别存储罐，因此，一般规划多个存储罐。除此之外，核仁的存储也需要规划，过去一般存放在袋子中，但目前更多地开始使用筒仓，有使用水泥制成的，也有使用钢材焊制的。

在产能和厂址问题解决后，工厂规划最大的问题是建设时间，这一般由种植园的进度来决定，尽量不要让"果等厂"，尽量"厂等果"，但等的时间也不宜过长，一般工厂建设由具有建造资质的承包商进行，此时，必要的监督和跟踪工作是非常重要的。

9.3 运营操作

压榨厂的原料就是果串，收集原料是整个工厂运营操作的第一步，棕榈果串到达工厂后，需仔细称重，以便获取出油率和产量数据。自己种植园送来的果串，需要详细记录来源，以便对各地块产量和出油率进行统计。准确的数据对于种植园的科学运营起着至关重要的作用。

称重要求地磅量程要足够大，能够应付运输棕榈果串和毛棕油的车辆，对每一辆进出的车辆，进、出应分别称重，所有送果车必须以在工厂门口的过磅重量为准，不承认到达工厂之前的称重数。地磅应定期检校，防止误差。

过磅完成后，所有运输车辆在收果平台卸货，这个平台为了果串存放和向杀酵设备装载果串，卸货必须有专人监督质量，对于不合格的果串，应不予接受，并由来车带走过磅出厂。卸载完毕的果串堆积在平台上即可，按照工厂的工艺流程进行杀酵即可。但在平台上的等待时间一般不超过 10 小时，从树上被铲下到被压榨以不超过 24 小时为宜，长时间堆积会导致酸性升高；如果收果平台上堆积过多，并且生产线已满负荷运营，应第一时间适当减少接收量。一般根据地磅记录的运入量和已加工量评估果台上的存量，并计划次日可接收量和可开始接收时间。最常出现的问题是工厂门口等待卸货的车辆太多，这是产能安排出现失误造成的。如收果平台存有可供 12 小时加工的果串，却安排接收供 24 小时加工的果串，就会出现这种失误。车辆的等待损失是巨大的，车辆可用来运输肥料或者空果串，司机可获得更高的收入，如果是固定的时薪或日薪，则司机工资被白白浪费。

收集到的果串必须被及时处理掉，因此，在果台有原料的情况下，应当努力维持最大开机率，尽可能多地加工。考虑到法定节假日和机器保养，一般一个月作业时间至多 550 小时，很少能做到全月不间断开机运行。

加工完毕后，就要面临将加工得到的所有"东西"清理出厂，否则，将占据工厂空间，导致工厂无法运行。首先是产品的存储和销售，毛棕油一般直接泵入建好的储油罐即可，具体的存储量视生产的产量和发运时间而定，不同质量的油脂一般分开存储；核仁直接存放在筒仓中即可。其次，是最为棘手的副产品，空果串是需要优先处理的，其体积巨大，含水高，在高温天气下，其气味很浓，长时间堆积，内部可能起火，因此，需要及时处理。如前文所说，空果串用于还田是非常有利的，但其运输需要工厂和田间两方面妥善沟通并安排。另外是废水，压榨后的榨出液，油水分离后的产物，其有机物含量很高，直接排放将造成自然水体的富营养化，目前的主流处理方法是使用多个连续的水池存放待其自然发酵完毕后达到排放标准时再排放，废水表面漂浮的油被回收后，排放至第一级废水池，这个废水池中存在大量异养的厌氧微生物，分解其中大部分有机物，其大小以容纳 30 天左右的废水为宜，之后，会被排放至下一级废水池，第二级废水池以存储 15 天左右的废水量为宜，此时的废水可以被抽取，经过净水设备后循环使用，也可再往下一级，一般经过 3～4 级后，废水已无异味。而第一级废水池的淤泥是良好的肥料，含有大量的营养元素。也有直接使用废水制备沼气，用作锅炉或内燃机燃料，但目前并没有大规模应用。

工厂所有的运营都需要详细记录，除了来自地磅和最终的产量数据外，还需要建立一个小型的实验室，每天对纤维中的含油量、果核破碎比率、产品油的理化参数进行测量。工厂中每天主要的记录数据有以下几方面：

① 来料：果串的接收数量、来源及质量，由地磅房工作人员记录。

② 杀酵：杀酵操作批次及时间，由该工段员工记录。

③ 损耗：纤维中的含油量、果核破碎比率，由实验室人员记录。

④ 毛棕油产出：体积，密度，水分含量，杂物含量。

⑤ 核仁筒仓：数量，体积，杂质。

⑥ 油罐：温度，重量和质量（FFA、水分含量、杂质等）。

⑦ 污水：体积（流量），含油率，含杂。

⑧ 纤维：体积，重量，纤维中坚果和核仁的损耗。

⑨ 核壳：体积，重量，壳中仁的损耗。

⑩ 锅炉运行：蒸汽压力，使用燃料种类、数量。

⑪ 发电：发电量及去向，工厂用电量分布。

这些数据为工厂管理者和工程师提供工厂运行的全面信息，保证工厂被最大限度地发挥作用，接受可容忍的损耗，一般会损耗 1% 的理论出油率。在工厂运营中，最常见的导致实际出油率不符合预期，多是因为加工原料的原因，如成熟度不够。因此，对来料的分级工作格外重要，一般是根据果串的成熟程度分级，大致分为：

① 不成熟：黑色的，果粒全部未松动。

② 欠成熟：松动的果粒不足 25%，果粒颜色全部改变或靠近果柄处果粒颜色可能未变。

③ 成熟：松动果粒超 25%，果粒颜色全部是成熟色。

④ 过熟：超过 50% 果粒脱落，且果串剩下的果粒开始失水，表皮变干。

⑤ 腐烂：果粒几乎全脱落，果串开始腐烂。

除此之外，质量还包括外来杂质，比如石头或者其它非果串物料，这些不仅虚报重量，而且混入果串中可能对生产设备造成损坏，因此，分级要格外仔细。根据分级结果，①②④⑤和杂质，都直接降低出油率，④⑤还导致 FFA 升高。在种植园管理中，不可能达到最优的理想状态，但应当依靠各部门的协作，最大限度地保证产品质量和数量。

除上述记录外，所有机械设备的维护记录和库存记录都需要正确地记录和汇总。在每个月末，需要对工厂整体运营形成专门报告，该报告呈报给投资者。

9.4 产品质量

毛棕油作为压榨厂的主要产品，其质量直接关系到整个种植园的收益，同时其又是大宗商品，对其质量指标的掌握有助于工厂管理者更好地运营工厂，生产符合贸易标准的产品。表 9-1 是中国和马来西亚对毛棕油的质量要求，从这些要求的指标中可以发现，均对酸性、水分、杂质含量有要求，所不同的是双方对酸性的表示上有所差异，马来西亚标准中是使用 FFA 的百分比，而中国标准中使用了酸值。另外，马来西亚的标准中还对毛棕油的过氧化值和杜比值（DOBI）有要求，而中国标准中水分和杂质被分成了两项，增加了熔点、铁和铜含量的标准。本节重点介绍这两份标准中都有要求的酸性和水分、杂质项。

表 9-1　中国和马来西亚对毛棕油的质量要求

指标	中国	马来西亚	
		特级质量	标准质量
FFA/%	无	≤2.5	≤5
水分、杂质/%	无	≤0.25	≤0.25
过氧化值/(毫摩尔/千克)	—	≤1.0	≤2.0
茴香胺值	无	≤4.0	≤5.0
杜比值(DOBI)	无	≥2.8	≥2.3
熔点/℃	33~39	无	
水分及挥发物/%	≤0.20	无	
不溶性杂质/%	≤0.05	无	
酸值*/(毫克 KOH/克)	≤10	无	
铁/(毫克/千克)	≤5.0	无	
铜/(毫克/千克)	≤0.4	无	

注：1. "—"表示不作要求；"无"表示该项检测无；带"＊"号项是强制要求项。

2. 数据来源：GB 15680—2008，MPOB。

3. 杜比值：表示毛棕油在 446 纳米和 269 纳米处的吸光度比值，衡量精炼时脱色的难易程度，数值越大越优良。

4. 酸值：表示中和 1 克毛棕油中的脂肪酸所需要消耗的氢氧化钾的质量（毫克）。根据各类脂肪酸比例、分子量和氢氧化钾的分子量，与 FFA 存在换算关系，针对毛棕油而言，酸值乘以 0.456，在数值上约等于 FFA。

9.4.1 酸性

油脂分子水解后，其中任意一个 R 基团都可形成如 RCOOH 所表示的脂肪酸分子。油脂中游离脂肪酸分子是油脂酸性的来源，在测定时，与测量试剂起反应的就是这些游离脂肪酸分子。根据 R 基团的不同，脂肪酸有很多种，具体到棕榈油，主要是棕榈油酸、硬脂酸和月桂酸，脂肪酸占的质量比，就是 FFA。而中和 1 克棕榈油中含有的脂肪酸所需的氢氧化钾质量（毫克），就是酸值。脂肪酸含量较高的油，后续精炼加工清除这些脂肪酸时，需要更多的材料和时间投入。因此，最终的产品中，尽可能低的酸性，是质量优良的最直接表现，除了能带来良好的经济回报外，能为一个种植园建立起良好的声誉。

脂肪酸　　　　　　　　　　　　油脂

在未破损的成熟果粒中，仅含有少量的游离脂肪酸，一般仅为 0.1%。在酶（脂肪氧化酶）的作用下，油脂分子会被转化成脂肪酸，而一般情况下，在成熟的果粒中，油脂分子位于细胞的大液泡中，只有当细胞破裂时，油脂分子才会从液泡中逸出，并接触到酶被氧化分解；另外，如果果粒出现破损，马上会有微生物在其创口上活动，这些微生物除了能破坏细胞外，很多本身就能够直接分解油脂分子，这会加剧细胞的破裂和脂肪酸分子的形成。除了果粒自带的脂肪酶分解和微生物作用外，另外一个重要的脂肪酸来源是在采收和加工过程中的操作导致。

在收割过程中，不可避免的挤压和可能的破损会导致酸性不可避免地升高，因此，在杀酵之前，尽可能少地搬动果串，最优的方式是从田间道直接进入杀酵罐。在早期使用铁路运输的种植园中，可以部分做到田间收集而来的果串直接被投入停放在铁路上的杀酵车厢中，但目前使用规模不大。所以，尽可能少地搬运以减少抗压和破损，尽可能快地杀酵压榨以减少酶促反应和微生物活动时间，都是有效地降低游离脂肪酸的措施。这一切都要依赖于良好的田间管理和田间-工厂的协作。如果工厂的原料是自然成熟或者未腐烂的果串，那么，脂肪酸的来源就是果串内自然含有的脂肪酸和加工过程中正常反应产生的，在这种情况下，以 FFA 含量评价，一般不会超过 5%，甚至可以只有 2.5%。含有的脂肪酸，在精炼过程中会被单独提炼出来，是精炼中重要的副产品之一。

9.4.2 水分、杂质及杜比值

适量的含水对于毛棕油是有利的，过于干燥的话，其氧化速度更快；如果水分含量高，因为水分的离解，更容易与油脂分子脱离的 R 基团形成游离脂肪酸，达到一定比例时，反应将朝有利于脂肪酸生成的方向进行。毛棕油中的杂质还包括胶质，各种金属混合物，如铁、铜，通过高速离心机，这些杂质可被降至 0.05% 或者更低。以目前已经商业化应用的压榨技术而言，水分与杂质不会造成明显的质量问题。

杜比值是毛棕油较为重要的质量指标，可以直观地理解为一个评价毛棕油可被脱色的难易程度指标。与前文介绍的酸性指标一样，杜比值的高低，也直接影响精炼成本，值越高，精炼脱色越容易，损耗就越低，成本越低。一般而言，杜比值与生产毛棕油的鲜果串质量和毛棕油存储时间长短相关，过生或过熟的果串压榨后，其杜比值较低，成熟度良好的新鲜果串在 24 小时内压榨，其杜比值大多在 3 左右，是非常优良的；在存储过程中，时间越长，杜比值逐渐降低，视存储条件，每半个月降低 0.1~0.2，在马来西亚要求的标准中，2.3 是最低可接受程度。

所以，在工厂的运营中最需要控制的质量是酸性，这主要依赖于工厂和田间收获之间良好的沟通和协调。在实际运营时，这一环节也是出问题最多的部分，基于对种植园效益的理解，通过良好的管理，组织生产活动，以获得最大的产值。

10

油棕业未来发展

　　一直以来，油棕产业的发展，面临着环境保护的问题，明显与大豆不同的是，其机械化、自动化难度大，实现程度低，但油棕作为高效的油料作物，加之棕榈油广泛用途，其巨大的经济价值是不容忽视的，同时，与天然橡胶相比，作为可以在广大热带地区推广的经济作物，其收益更高，种植和收获要求的技能更低。目前全球大部分热带地区面临着贫穷等社会问题，因此，在当地发展油棕产业，对解决这一现实问题有着重大意义。因此，本章简要讨论油棕对环境的影响，介绍目前部分国家油棕种植业对社会发展的贡献，同时，也关注未来油棕产业可能出现的趋势和创新。

10.1　环境保护

　　长期以来，油棕种植业面临的来自环境保护方面的压力巨大，主要的指责包含以下几个方面：①大量热带雨林被转换成油棕林，一方面破坏了热带雨林，另一方面加速了泥炭地或森林底部的腐质层释放甲烷或二氧化碳，从而增加了温室气体排放；②使当地地表植被趋于单一，减少了生物多样性，甚至使得某些濒危动物从当地消失，从而打破了原有生态系统平衡；除此之外，土壤流失、农药和化肥污染、水体污染、空气污染也在其中。

　　对于第一个问题，马来西亚油棕局比较了油棕林和热带雨林二氧化碳固定量来回应这一问题（表10-1）。通过其研究发现，油棕林的净二氧化碳固定量要明显高于热带雨林，单就这一问题而言，即使热带雨林被转换为油棕林，也不会引起碳氧化物排放过量。需要注意的是，近年来各适宜种植油棕的国家，其法律越来越严格，完整的原始热带雨林几乎无法合法开发，开发多集中在次生林（Secondary Forest）。这些次生林中，没有大型树木等植株，其植被生存量显著低于热带雨林，因此，其固定二氧化碳的量并不优于热带雨林。而开发后，泥炭地地表的腐质层的确会向空气中释放甲烷或二氧化碳，但这只是加速了温室气体排放，并不是增加温室气体排放，并且释放的二氧化碳在数年内会被油棕利用。

表 10-1　单位面积油棕林和热带雨林二氧化碳固定量比较

吨/(公顷·年)

比较项	油棕林	热带雨林
二氧化碳固定量	161.0	163.5
二氧化碳释放量	96.5	121.1
净二氧化碳固定量	64.5	42.4

注：来源于 MPOB（马来西亚油棕局）。

在目前的商业油棕种植开发中经常使用的次生林，其土地清理成本远比热带雨林地带低廉。同时，其本身的经济价值低下，几乎不会对当地的民众产生收益，即其生态价值、经济价值均低下，但开发为油棕种植园，却有着成本优势。非常不幸的是，热带地区产生次生林的原因很多，大多数与该地区历史上人类的活动有关，比如 1997 年的印度尼西亚苏门答腊和加里曼丹岛森林大火，起因是这些地方的原住民烧芭，但当年的雨季推迟，加之雨量不及往年，火情一直持续到第二年 4、5 月间，过火面积十分巨大，过火后形成的次生林在之后印度尼西亚油棕产业大暴发中，大多被开发成了油棕种植园；同样，在非洲，个别国家在某些时段因为战乱或极度贫穷，过度地砍伐森林出口木材换取粮食、武器等物资，致使当地原始森林遭到毁灭性开发，这部分森林在后来多被用来开发成橡胶或油棕种植园。

对于第二个问题，本书一直秉持的观点是，油棕种植园的开发过程其实是对原有地表生态系统中植被的一次替代，在这个替代过程中，对动物多样性影响是微乎其微的，但会在开发过程中，随着动物的迁徙，影响到某一时段内动物种群在项目地内的分布，尤其是小型动物和昆虫。某些小型动物或昆虫，在油棕种植园开发完毕趋于稳定后，其群体规模变得更大、更稳定，而大型动物，如野猪、象甚至是老虎等，在开发完毕后，这些动物也可能会回迁到种植园中。这也是为什么部分种植园面临这些动物危害的原因。除此之外，目前在东南亚或非洲，几乎所有国家都有大型自然保护区供这些大型动物生存。在印度尼西亚某些地方，种植园对大型动物迁徙的阻断作用，甚至小于公路。对开发过程中动物多样性的担忧更多来自于当地原住民的捕杀，常借助于宣讲等降低这类情况的发生。

其它方面的环保指责大多是经营者农艺措施不当造成的，如土壤流失，主要发生在坡地，尤其是梯田地带，可以通过雨季不清芭、旱季清芭后迅速种植覆盖作物等措施来规避。化肥、农药的污染多是来自于不当的肥料、农药选用和使用，甚至是过度使用，这需要在选用化肥、农药时谨慎，并遵循生产厂家的建议。空气、水污染主要发生在压榨厂，目前来说，各国普遍都有相应的立法来要求对废气、废水进行处理后才可以排放，而这些废气和废水中有机物均是来自油棕自然产出的有机物，均可以自然降解，但为了避免短期内无法自然降解的情况，都需要处理后再排放。

发展油棕种植业的国家或地区，大多地处欠发达地区，在早期的开发中，无论是当地政府、投资者还是经营管理人员，对环境保护的意识并不是很强烈，但近年来，随着经济水平的发展，无论是从政府立法还是业内认知，都越来越重视环境保护，如印度尼西亚，近年来，其关于油棕种植业的环境保护立法越来越多、越细，这种整个行业对环境保护问题认识的提高，也在其它宜植国家或地区得到较好的推广和执行。另外，随着其经济的发展，一个国家或地区的油棕产业会逐渐饱和，同时，其在国民经济的比重也会逐渐降低，历史上，油棕曾是马来西亚经济的支柱产业，但到 2008 年，棕榈油出口仅占其当年 GDP 的 8.8%，到 2015 年时，更是下降到 5%～6%❶，而同期，马来西亚出台了越来越多的环保法规，比如 2015 年后，使用百草枯开始受到限制，仅可在未成熟的油棕种植园使用，并且需要申请准证，因此，在环保问题上，可以发现，随着经济的发展，人们会更多地考虑环保问题。

总的来说，油棕如同其它大宗农作物一样，都是人类利用自身掌握的农业技术对原始地表的改造和利用，操作得当，是完全可以和自然和谐共处的。值得注意的是，在环境保护压力上，同是热带经济作物的可可、咖啡、橡胶等，是类似的，但因为不同产品的消费市场的不同，人们对于具体作物的环境保护问题关注度是不一样的。

10.2 消除贫困和社会进步

发展油棕种植园产业，可有效消除贫困并缩小贫富差距，在印度尼西亚的调查表明，油棕种植园面积每扩展 10%，可降低 10% 的贫困人口并缩小贫富差距（Ryan Edwards，2015）。能够达到这一效果的原因来自以下几个方面，一是扩展的油棕种植园直接的人力需求，油棕种植、收获过程中的机械化程度低，诸多生产活动仍依赖于人工进行，因此，会带来大量的工作岗位，相对于平时自耕农，为种植园工作，每个月都有固定收入保障，受外界市场、气象等因素影响较低，同样在

---

❶ 来源：综合马来西亚统计局、农业部多份报告。

印度尼西亚，预计有近1000万人口直接在油棕种植业就业，如果将在下游棕榈油加工、贸易等领域的就业人口统计进来，油棕业提供的工作岗位解决了近10％的适龄劳动人口就业；二是带动周边的油棕产业发展，主要表现在带动种植园周边的油棕种植，这在部分国家或地区是强制性政策要求，会要求商业开发的同时，按照商业开发面积，开发一定比例的外围种植面积，其受益人为项目周边民众，但更多的是带动周边小农自行种植，尤其是在有压榨厂运营的情况下，一旦解决收获果串的销路问题，周边民众可以将产品变现，获得不错的收益。在当地民众取得不错的经济收益的同时，种植园企业在当地的社会责任也促进了当地社会进步，比如修建道路、水电等基础设施，这些设施在种植园企业自用的同时，当地社会民众亦可受惠于此；另外，部分种植园甚至会自行筹建学校解决员工子女入学难题，这些措施都极大地促进了当地社会进步。

以上情况仅仅是从种植园经济单一角度出发的结论，也是较为直观的经济现象。随着油棕种植园经济的发展，产出的毛棕油越来越多时，随之而来的贸易、工业等产业都会逐步健全和发展起来，进而带动经济整体表现向好。与之对应的，社会发展指数上升，人们择业空间更大，表现在宏观数据上，是农业占GDP的比重和油棕领域本国就业人口比例开始下降。典型的国家是马来西亚，其发展油棕起步非常早，在2000年之前，以其稳定的社会环境和得天独厚的自然条件，一直是棕榈油第一产出国，但农业整体对GDP的贡献率从1970年的29.9％，1980年的22.9％，1990年的18.7％到2000年的8.4％，2010年7.58％（Rozhan Abu Dardak，2015），之后基本维持在这一比例左右，从20世纪70年代开始，比例逐年下降，最为关键的是，在整体农业领域（包括油棕）的就业人口开始依赖外国劳工，本国人口已不再依赖该领域解决就业问题，自2010年后，这一问题越来越突出，在马来西亚登记的合法外国劳工已经接近100万。

10.3 综合开发利用

油棕和椰子在很多方面有着巨大的相似性，但在综合利用方面，油棕却远不及"浑身是宝"的椰子，无论是椰棕还是椰子树干的利用率，远胜于油棕。油棕的树干几乎是作为废料破碎后还田的，而油棕所生产的生物质，榨完油所得到的短纤维多被用作锅炉燃料，直接焚烧，其余的或丢弃，或还田，并没有如同椰子般发挥出更大的价值。因此，油棕的综合开发利用前景巨大。

在各种综合利用中，生物质能源无疑是接近商业应用的一种。油棕可被用作生物质能源的产品是多样的，在前面章节已经介绍过，毛棕油可制备生物柴油，棕榈仁壳和榨完油的纤维可作为燃料，生产蒸汽发电，除这些外，也出现了一些其它的应用。

首先是针对纤维成分。油棕生产中，含有纤维最多的副产品就是空果串，一般占到压榨果重的 20％，这是所有压榨厂最为"头疼"的副产品，一个年处理 30 万吨果串的工厂，空果串达 6 万吨，其占据大量的空间，堆积在一起，产生难闻的气味，堆积时间过长，内部甚至会自燃，因此，一直是老大难问题。对空果串进行有效利用的第一个步骤通常都是粉碎，在不同的方案中，粉碎后的去向各异，最直接的就是将其与化学肥料混合后，进行密封发酵。但从经济效益角度出发，很多会将其含有的油再行提取出来，多采用物理压榨方法，榨出油水混合物，按湿空果串的重量计，可提取约 0.24％的棕榈油，在粉碎-压榨后，含水也会降低，直接干燥就完成了对空果串的处理了，得到的产物与榨完油后得到的纤维类似。

纤维还有一部分是来自压榨后的果肉，约占处理鲜果串重量的 12％，这部分纤维本身就很短，含油很高，是优秀的锅炉燃料。根据经验，空果串粉碎后得到的纤维热值一般在 3700 千卡❶/千克左右，而来自果肉压榨后的纤维，如不再提取其中的油脂，其热值可达 4500 千卡/千克，与煤炭相当。纤维本身的用途广泛，比如制作园艺土、生物堆肥等，还可以编织成纤维垫子，用于覆盖沙土地表（Wan Rasidah Kadir et al，2010）。除此之外，棕榈纤维近年来，更多地与其它材料一道出现，被制作成各种各样的产品，比如充当胶合板的填充物料，或者掺入黏合剂后，制作中密度纤维板。

纤维来源除这两样外，在田间被铲下的叶片中也有大量的纤维，在复种时的树干中，也存在大量纤维，但由于这些材料处理成纤维后，再加工成其它产品的效益并不明显，目前，很少有对这些纤维材料的利用。对油棕所有副产品的利用亮点在于生产纸浆，与造纸用木材相比，其成分中全纤维素含量大致相当，但纤维长度比较短，约 0.82 毫米，较木材的 1.28 毫米差距明显，另一个差距较大的是木质素，约占 17.2％，木材可达 25.2％，目前在实验室条件下，已经有多种试制工艺取得了成功，但并没出现大规模的应用，在未来，如果纸浆行情出现大幅上扬，不排除在这一块的应用规模会被扩大。

除纤维外，油棕所生产的另一种生物质棕榈仁壳，其经炭化后，借助黏合剂，压缩成型，制成木炭，又叫压积炭，火力大，可用于烧烤、取暖等方面；也可制作活性炭，但因颗粒较大，应用场景较少。除了这些已经出现的，在经济上具有可行

---

❶　1 千卡＝4.1840 千焦。

性的应用外，也有一些其它的应用，但经济性欠佳。

10.4　商业种植的未来

　　首先，在油棕种植的技术层面。油棕商业种植的技术在过去近半世纪中，在上游育种环节，多依赖于传统的采集花粉进行杂交育种；在种苗培育环节，多依赖于传统的育苗技术，近年来，才开始使用在香蕉等作物上早已大规模应用的组织培养；在开发种植环节，依然是严重依赖人工，从早期的链锯、砍刀到现在的大型机械设备等的使用，并无多少不同。最大的进步表现在大众对油棕种植园整体生态的认知趋于科学合理，并将相关生物防治等观念运用在实际生产中，但这种进步是随着生态学的整体进步而进步的，并不是油棕行业独占。预计在未来，会有相当一部分技术进步出现在油棕商业种植中。

　　针对油棕的育种方向，会培育出新品种，扩展油棕的种植范围。在保护现有热带雨林的情况下，可利用的油棕宜植土地面积越来越小，大规模获取成片土地也越来越困难，如果需要进一步扩大种植面积，只能向目前的不适宜种植地区扩展。比如培育一些抗寒品种，向南北更高纬度推广种植，目前我国相关科研机构也正致力于此，看到一些可喜成果，筛选出了适应高纬度气候的种株，进一步的育种试种正在展开，但这一方案中，从育种、制种到试种，观察到新品种的表现，所需要的时间少则5~6年，长期观察其表现，往往需要15年以上，无论是时间还是成本上，其成本是高昂的，时间是漫长的。在未来，不排除培育一些耐盐碱品种，向目前热带地区的盐碱地带推广，如沿海滩涂，甚至在小型无人岛礁附近使用人工介质种植。

　　其次，是以自动化、机械化、智能化为代表的一系列新型技术商业化应用。这其中，近年来卫星遥感监测、无人机，在包括油棕在内的许多大田生产领域也开始显现其高效、经济的优势。尤其是高分辨率卫星影像的应用，可以监测油棕种植园内植株数量、生长状况和某些缺素症及病虫害情况；无人机的应用也是在类似的领域，多用来监测种植园状况，但除了这项任务外，无人机也可执行喷洒农药、化肥或者人工授粉等任务。相对于大豆种植，油棕最大的不足在于可使用机械进行自动化生产的程度低下，未来如果人力成本持续增长，这一问题应该会成为油棕种植行业的焦点，届时，可能出现运用多种综合技术的机械，比如运用人工智能识别成熟果串并进行收割的机器。除此之外，一个种植园，包罗万象，自然气象、土地、人力资源、财务、物资、加工、仓储、物流、销售等方方面面的信息，不同于传统的厂房生产加工企业，当操作面积以上万公顷铺开时，相应的管理复杂度是以指数级增加的。在未来，综合卫星影像、地籍信息、物联信息等上述各项数据汇总后，对其存储、加工分析、可视化呈现，指导种植园以最经济的方式运营，甚至是部分替代人工决策，直接对某些智能设备自动进行调配，可能是中长期商业化种植园追求的目标。

除这些新技术的应用外，新的管理模式，甚至是开发模式也有可能出现。目前的商业种植无异都是重资产模式，在这种模式下，投资人扮演了非常重要的角色，处于这一模式下绝对的中心位置。在未来，随着油棕宜植地区的经济发展，社会契约意识的健全和完善，不排除由小农户承包现有商业种植园部分地块经营，或者直接是"公司＋农户"的形式来进行开发，但某些国家，这些管理模式可能需要政府修改现行政策。

最后，也是对商业种植最重要的，棕榈行业的发展与变化。棕榈油消费方面，作为食用油，长期以来，对其可能引发健康问题的误解一直存在，只有过量地摄入饱和脂肪酸时，才会导致血液中的胆固醇含量上升（Brown et al, 2005）。近年来的研究指出，食用棕榈油，存在降低血液中胆固醇含量的趋势（张庆涛等，2010），不会对身体健康产生负面影响。近十年来，棕榈油作为食用油随着东南亚、印度和非洲的发展，因其价格相对低廉，在这些市场得以迅速推广，随着这些地区的经济进一步发展，未来的进步空间应该更大。除此之外，棕榈仁油作为椰子油的替代品，近年来的关注度也越来越高。同时，经酯交换制备的棕榈甲酯，作为商业上已经验证可行的生物质柴油，目前在印度尼西亚、马来西亚、新加坡、泰国等国家已经得到了较好的推广和使用，其中以印度尼西亚的 B20（普通柴油中掺入 20％棕榈甲酯）政策最为激进。这些需求和前文提及的一些适宜种植国家自身的发展需求，同时结合棕榈是单产最高的油料作物的自身属性，加之更多地借助于科技的力量和可能出现的更加灵活的商业模式，油棕必然是热带地区非常有优势的经济作物，油棕产业必将在更多的热带地区不发达国家的经济发展中发挥巨大作用。

附录

附录一　种植密度-株行距对照表

种植密度 /(株/公顷)	株距 /米	行距 /米	种植密度 /(株/公顷)	株距 /米	行距 /米	种植密度 /(株/公顷)	株距 /米	行距 /米
101	10.69	9.26	131	9.39	8.13	161	8.47	7.33
102	10.64	9.21	132	9.35	8.10	162	8.44	7.31
103	10.59	9.17	133	9.32	8.07	163	8.42	7.29
104	10.54	9.13	134	9.28	8.04	164	8.39	7.27
105	10.49	9.08	135	9.25	8.01	165	8.37	7.24
106	10.44	9.04	136	9.21	7.98	166	8.34	7.22
107	10.39	9.00	137	9.18	7.95	167	8.32	7.20
108	10.34	8.95	138	9.15	7.92	168	8.29	7.18
109	10.29	8.91	139	9.11	7.89	169	8.27	7.16
110	10.25	8.87	140	9.08	7.87	170	8.24	7.14
111	10.20	8.83	141	9.05	7.84	171	8.22	7.12
112	10.15	8.79	142	9.02	7.81	172	8.19	7.10
113	10.11	8.75	143	8.99	7.78	173	8.17	7.08
114	10.06	8.72	144	8.95	7.76	174	8.15	7.05
115	10.02	8.68	145	8.92	7.73	175	8.12	7.03
116	9.98	8.64	146	8.89	7.70	176	8.10	7.01
117	9.93	8.60	147	8.86	7.68	177	8.08	6.99
118	9.89	8.57	148	8.83	7.65	178	8.05	6.98
119	9.85	8.53	149	8.80	7.62	179	8.03	6.96
120	9.81	8.50	150	8.77	7.60	180	8.01	6.94
121	9.77	8.46	151	8.74	7.57	181	7.99	6.92
122	9.73	8.43	152	8.72	7.55	182	7.97	6.90
123	9.69	8.39	153	8.69	7.52	183	7.94	6.88
124	9.65	8.36	154	8.66	7.50	184	7.92	6.86
125	9.61	8.32	155	8.63	7.47	185	7.90	6.84
126	9.57	8.29	156	8.60	7.45	186	7.88	6.82
127	9.54	8.26	157	8.58	7.43	187	7.86	6.81
128	9.50	8.23	158	8.55	7.40	188	7.84	6.79
129	9.46	8.19	159	8.52	7.38	189	7.82	6.77
130	9.42	8.16	160	8.50	7.36	190	7.80	6.75

附录二 单公顷沼泽地种植油棕投入-收益表

美元/公顷

年份	年投入	总投入	年收益	总收益	年净收益	总净收益
1	2715.77	2715.77			−2715.77	−2715.77
2	1461.54	4177.31			−1461.54	−4177.31
3	1461.54	5638.85			−1461.54	−5638.85
4	1473.08	7111.92	505.08	505.08	−968.00	−6606.84
5	1600.00	8711.92	1010.16	1515.24	−589.84	−7196.68
6	1853.85	10565.77	2020.32	3535.56	166.47	−7030.21
7	1980.77	12546.54	2525.40	6060.96	544.63	−6485.58
8	2276.92	14823.46	3703.92	9764.88	1427.00	−5058.58
9	2446.15	17269.62	4377.36	14142.24	1931.21	−3127.38
10	2530.77	19800.38	4714.08	18856.32	2183.31	−944.06
11	2530.77	22331.15	4714.08	23570.40	2183.31	1239.25
12	2446.15	24777.31	4377.36	27947.76	1931.21	3170.45
13	2446.15	27223.46	4377.36	32325.12	1931.21	5101.66
14	2446.15	29669.62	4377.36	36702.48	1931.21	7032.86
15	2403.85	32073.46	4209.00	40911.48	1805.15	8838.02
16	2403.85	34477.31	4209.00	45120.48	1805.15	10643.17
17	2361.54	36838.85	4040.64	49161.12	1679.10	12322.27
18	2319.23	39158.08	3872.28	53033.40	1553.05	13875.32
19	2276.92	41435.00	3703.92	56737.32	1427.00	15302.32
20	2234.62	43669.62	3535.56	60272.88	1300.94	16603.26
21	2192.31	45861.92	3367.20	63640.08	1174.89	17778.16
22	2150.00	48011.92	3198.84	66838.92	1048.84	18827.00
23	2107.69	50119.62	3030.48	69869.40	922.79	19749.78
24	1107.69	51227.31	3030.48	72899.88	1922.79	21672.57
25	2065.38	53292.69	2862.12	75762.00	796.74	22469.31

参 考 文 献

[1] Carmen E Chávez，Francisco Sterling. Variation in the total of unsaturated fatty acids in oils extracted from different oil palm germplasms. ASD Oil Palm Papers，1991，Volume 3.

[2] Indonesia Direktorat Jenderal Perkebunan（印度尼西亚国家种植园局）. Statistik Perkebunan Indonesia Komoditas Kelapa Sawit 2015-2017. 2016.

[3] 马来西亚国家统计部. 2017 年 12 月 22 日. https：//www. dosm. gov. my/.

[4] 全国油棕品种区域适应性试种协作网 http：//oilpalm. org. cn.

[5] 马来西亚油棕局. 2017 年 12 月. http：//bepi. mpob. gov. my/images/area/2017/Area _ summary. pdf.

[6] Rajinder Singh，Eng-Ti Leslie Low，et al，The oil palm SHELL gene controls oil yield and encodes a homologue of SEEDSTICK［J］. Nature，15 August 2013.

[7] Soh Aik Chin，Future of Clonal Oil Palm［EP］，http：//mpoc. org. my/upload/104182P4 _ Dr-Soh-Aik-Chin. pdf.

[8] Christophe Jourdan，Nicole Michaux-Ferrière，Gérald Perbal. Oxford Journals，2000，Volume 85，Issue 6：861-868.

[9] Azman Ismail and Mohd Noor Mamat. The Optimal Age of Oil Palm Replanting. 马来西亚油棕局.

[10] Jones LH. Propagation of clonal oil palms by tissue culture. Oil Palm News，1974.

[11] Sharifah Shahrul Rabiah Syed Alwee，Siti Habsah Roowi. Progress of Oil Palm Tissue Culture in Felda and its challenges. ISOPB conference，2010.

[12] AmoahB F M，Nuertey N，etc. Underplanting oil palm with cocoa in Ghana. Agroforestry Systems，June 1995，Volume 30，Issue 3：289-299.

[13] http：//www. plantwise. org/KnowledgeBank/Datasheet. aspx? dsid＝20604.

[14] Peter Lim. Tirathaba Bunch Moth and Termite Management for Oil Palm Planting on peat Soils. Conference presentation，2016.

[15] Ryan Edwards. Is plantation agriculture good for the poor? Evidence from Indonesia's palm oil expansion. Australian National University Working Paper，2015.

[16] Wan Rasidah Kadir，et al. Untilisation of Oil Palm tree development of oil palm biomass industry. 2010.

[17] Maruli Pardamean. Sukses membuka kebun dan pabrik kelapa sawit. 2012.

[18] Brown，Ellie，Jacobson，Michael F. Cruel Oil：How Palm Oil Harms Health，Rainforest & Wildlife. Center for Science in the Public Interest. 2005：3-5.

[19] 张庆涛等. 棕榈油对大鼠局灶性脑缺血再灌注损伤保护作用的实验研究. 徐州医学院学报，2010.

[20] Schwarze，et al. Rubber vs Oil Palm：an analysis of factors influencing smallholder's crop choice in Jambi，Indonesia. 2015.